江苏省文化产业引导资金文化艺术精品项目
江苏省"十三五"重点图书出版规划项目

印度现代建筑

从传统向现代的转型

汪永平　张敏燕　著

Contemporary

Architecture

in India

Himalayan Series of Urban and Architectural Culture

行走在喜马拉雅的云水间

序

2015年正值南京工业大学建筑学院（原南京建筑工程学院建筑系）成立三十周年，我作为学院的创始人，在10月举办的办学三十周年庆典和学术报告会上，汇报了自己和团队自1999年以来走进西藏、2011年走进印度，围绕喜马拉雅山脉17年以来所做的研究。研究成果的体现，便是这套"喜马拉雅城市与建筑文化遗产丛书"问世。

出版这套丛书（第一辑15册）是笔者和学生们多年的宿愿。17年来我们未曾间断，前后百余人，30多次进入西藏调研，7次进入印度，3次进入尼泊尔，在喜马拉雅山脉相连的青藏高原、克什米尔谷地、拉达克列城、加德满都谷地都留下了考察的足迹。研究的内容和范围涉及城市和村落、文化景观、宗教建筑、传统民居、建筑材料与技术等与文化遗产相关的领域，完成了50篇硕士学位论文和4篇博士学位论文，填补了国内在喜马拉雅文化遗产保护研究上的空白，并将藏学研究和喜马拉雅学的研究结合起来。研究揭

示了喜马拉雅山脉不仅是我们这一星球上的世界第三极，具有地理坐标和地质学的重要意义，而且在人类的文明发展史和文化史上具有同样重要的价值。

喜马拉雅山脉东西长2 500公里，南北纵深300~400公里，西北在兴都库什山脉和喀喇昆仑山脉交界，东至南迦巴瓦峰雅鲁藏布大拐弯处。在喜马拉雅山脉的南部，位于南亚次大陆的印度主要由三个地理区域组成：北部喜马拉雅山区的高山区、中部的恒河平原以及南部的德干高原。这三个区域也就成为印度文明的大致分野，早期有许多重要的文明发迹于此。中国学者对此有着准确的描述，唐代著名学者道宣（596—667）在《释迦方志》中指出："雪山以南名为中国，坦然平正，冬夏和调，卉木常荣，流霜不降。"其中"雪山"指的便是喜马拉雅山脉，"中国"指的是"中天竺国"，即印度的母亲河恒河中游地区。

季羡林先生把古代世界文化体系分为中国、印度、希腊和伊斯兰四大文化，喜马拉雅地区汇聚了世界上

四大文化的精华。自古以来，喜马拉雅不仅是多民族的地区，也是多宗教的地区，包括了苯教、印度教、佛教、耆那教、伊斯兰教以及锡克教、拜火教。起源于印度的佛教如今在印度的影响力已经不大，但佛教通过传播对印度周边的国家产生了相当大的影响。在中国直接受到的外来文化的影响中，最明显的莫过于以佛教为媒介的印度文化和希腊化的犍陀罗文化。对于这些文化，如不跨越国界加以宏观、大系统考察，即无从正确认识。所以研究喜马拉雅文化是中国东方文化研究达到一定阶段时必然提出的问题。

从东晋时法显游历印度并著书《佛国记》开始，中国人对印度的研究有着清晰的历史脉络，并且世代传承。唐代玄奘求学印度并著书《大唐西域记》；义净著书《大唐西域求法高僧传》和《南海寄归内法传》；明代郑和下西洋，其随从著书《瀛涯胜览》《星槎胜览》《西洋番国志》，对于当时印度国家与城市都有详细真实的描述。进入 20 世纪后，中国人继续研究印度。

蔡元培在北京大学任校长期间，曾设"印度哲学课"。胡适任校长后，又增设东方语言文学系，最早设立梵文、巴利文专业（50 年代又增加印度斯坦语），由季羡林和金克木执教。除了季羡林和金克木，汤用彤也是印度哲学研究的专家。这些学者对《法显传》《大唐西域记》《大唐西域求法高僧传》和《南海寄归内法传》进行校注出版，加入了近代学者科学考察和研究的新内容，在印度哲学、文学、语言文化、历史、地理等领域多有建树。在中国，研究印度建筑的倡始者是著名建筑学家刘敦桢先生，他曾于 1959 年初率我国文化代表团访问印度，参观了阿旃陀石窟寺等多处佛教遗址。回国后当年招收印度建筑史研究生一人，并亲自讲授印度建筑史课，这在国内还是独一无二的创举。1963 年刘敦桢先生 66 岁，除了完成《中国古代建筑史》书稿的修改，还指导研究生对印度古代建筑进行研究并系统授课，留下了授课笔记和讲稿，并在《刘敦桢文集》中留下《访问印度日记》一文。可惜 1962 年中印关系恶化，以致影响了向印度派遣留学生的计划，随后不久的"十年动乱"，更使这一研究被搁置起来。由于历史的原因，近代中国印度文化研究的专家、学者难以跨越喜马拉雅障碍进入实地调研，把青藏高原的研究和喜马拉雅的研究结合起来。

意大利著名学者朱塞佩·图齐（1894—1984）是西方对于喜马拉雅地区文化探索的先驱。1925—1930 年，他在印度国际大学和加尔各答大学教授意大利语、汉语和藏语；1928—1948 年，图齐八次赴藏地考察，他的前五次（1928、1930、1931、1933、1935）藏地考察均从喜马拉雅山脉的西部，今天克什米尔的斯利那加（前三次）、西姆拉（1933）、阿尔莫拉（1935）动身，沿着河流和山谷东行，即古代的中印佛教传播和商旅之路。他首次发现了拉达克森格藏布河（上游在中国境内叫狮泉河，下游在印度和巴基斯坦叫印度河）河谷的阿契寺、斯必提河谷（印度喜马偕尔邦）的塔波寺（西藏藏传佛教后弘期重要寺庙，

两处寺庙已经列入《世界文化遗产名录》），还考察了托林寺、玛朗寺和科迦寺的建筑与壁画，考察的成果便是《梵天佛地》著作的第一、二、三卷。正是这些著作奠定了图齐研究藏族艺术和藏传佛教史的基础。后三次（1937、1939、1948）的藏地考察是从喜马拉雅中部开始，注意力转向卫藏。1925—1954 年，图齐六次调查尼泊尔，拓展了在大喜马拉雅地区的活动，揭开了已湮没的王国和文化的神秘面纱，其中印度和藏地的邂逅是最重要的主题。1955—1978 年，他在巴基斯坦北部的喜马拉雅山麓，古代称之为乌仗那的斯瓦特地区开展考古发掘，期间组织了在阿富汗和伊朗的考古发掘。他的一生学术成果斐然，成为公认的最杰出的藏学家。

图齐的研究不仅涉及佛教，在印度、中国、日本的宗教哲学研究方面也颇有建树。他先后出版了《中国古代哲学史》和《印度哲学史》，真正做到"跨越喜马拉雅、扬帆印度洋"，将中印文化的研究结合起来。

终其一生，他的研究都未离开喜马拉雅山脉和区域文化。继图齐之后，国际上对于喜马拉雅的关注，不仅仅局限于旅游、登山和摄影爱好者，研究成果也未囿于藏传佛教，这一地区的原始宗教文化艺术，包括印度教、耆那教、伊斯兰教甚至苯教都得到发掘。笔者手头上就有近几年收集的英文版喜马拉雅艺术、城市与村落、建筑与环境、民俗文化等多种书籍，其中有专家、学者更提出了"喜马拉雅学"的概念。

长期以来，沿着青藏高原和喜马拉雅旅行（借用藏民的形象语言"转山"）时，笔者产生了一个大胆的想法，将未来中印文化研究的结合点和突破口选择在喜马拉雅区域，建立"喜马拉雅学"，以拓展藏学、印度学、中亚学的研究范围和内容，用跨文化的视野来诠释历史事件、宗教文化、艺术源流，实现中印间的文化交流和互补。"喜马拉雅学"包含了众多学科和领域，如：喜马拉雅地域特征——世界第三极；喜马拉雅文化特征——多元性和原创性；喜马拉雅生态特征——多样性等等。

笔者认为喜马拉雅西部，历史上"罽宾国"（今天的克什米尔地区）的文化现象值得借鉴和研究。喜马拉雅西部地区，历史上的象雄和后来的"阿里三围"，是一个多元文化融合地区，也是西藏与希腊化的犍陀罗文化、克什米尔文化交流的窗口。罽宾国是魏晋南北朝时期对克什米尔谷地及其附近地区的称谓，在《大唐西域记》中被称为"迦湿弥罗"，位于喜马拉雅山的西部，四面高山险峻，地形如卵状。在阿育王时期佛教传入克什米尔谷地，随着西南方犍陀罗佛教的兴盛，克什米尔地区的佛教渐渐达到繁盛点。公元前1世纪时，罽宾的佛教已极为兴盛，其重要的标志是迦腻色迦（Kanishka）王在这里举行的第四次结集。4世纪初，罽宾与葱岭东部的贸易和文化交流日趋频繁，谷地的佛教中心地位愈加显著，许多罽宾高僧翻越葱岭，穿过流沙，往东土弘扬佛法。与此同时，西域和中土的沙门也前往罽宾求经学法，如龟兹国高僧佛图澄不止一次前往罽宾学习，中土则有法显、智猛、法勇、玄英、悟空等僧人到罽宾求法。

如今中印关系改善，且两国官方与民间的经济、文化合作与交流都更加频繁，两国形成互惠互利、共同发展的朋友关系，印度对外开放旅游业，中国人去印度考察调研不再有任何政治阻碍。更可喜的是，近年我国愈加重视"丝绸之路"文化重建与跨文化交流，提出建设"新丝绸之路经济带"和"21世纪海上丝绸之路"的战略构想。"一带一路"倡议顺应了时代要求和各国加快发展的愿望，提供了一个包容性巨大的发展平台，把快速发展的中国经济同沿线国家的利益结合起来。而位于"一带一路"中的喜马拉雅地区，必将在新的发展机遇中起到中印之间的文化桥梁和经济纽带作用。

最后以一首小诗作为前言的结束：

我们为什么要去喜马拉雅？

因为山就在那里。

我们为什么要去印度？

因为那里是玄英去过的地方，
那里有玄英引以为荣耀的大学
——那烂陀。

行走在喜马拉雅的云水间，
不再是我们的梦想。
边走边看，边看边想；
不识雪山真面目，只缘行在此山中。

经历是人生的一种幸福，
事业成就自己的理想。
慧眼看世界，视野更加宽广。
喜马拉雅，
不再是阻隔中印文化的障碍，
她是一带一路的桥梁。

在本套丛书即将出版之际，首先感谢多年来跟随笔者不辞幸苦进入青藏高原和喜马拉雅区域做调研的本科生和研究生；感谢国家自然科学基金委的立项资助；感谢西藏自治区地方政府的支持，尤其是文物部门与我们的长期业务合作；感谢江苏省文化产业引导资金的立项资助。最后向东南大学出版社戴丽副社长和魏晓平编辑致以个人的谢意和敬意，正是她们长期的不懈坚持和精心编校使得本书能够以一个充满文化气息的新面目和跨文化的新内容出现在读者面前。

主编汪永平

2016 年 4 月 14 日形成于乌兹别克斯坦首都塔什干 Sunrise Caravan Stay 一家小旅馆庭院的树荫下，正值对撒马尔罕古城、沙赫里萨布兹古城、布哈拉、希瓦（中亚四处重要世界文化遗产）考察归来。修改于 2016 年 7 月 13 日南京家中。

喜马拉雅

城市与建筑文化遗产丛书

导言

印度共和国，简称印度，是四大文明古国之一，拥有悠久的历史文化。它位于亚洲南部，曾经受英国的殖民统治，现在是英联邦的会员国之一，与孟加拉国、中国、缅甸、不丹、尼泊尔和巴基斯坦等国家接壤。印度人口众多，位居世界人口总数第二，截至2011年拥有人口12.1亿，仅次于中国。印度不仅人口众多，而且人种多样化，被称为"人种博物馆"。印度在梵文中有月亮的含义，是美好的事物的通称，古印度的迦毗罗卫国（今尼泊尔国境内）王子创立了世界三大宗教之一的佛教。印度人大部分信奉宗教，更是佛教的发源之地，对亚洲其他国家包括中国在内，有很深的影响。印度于1947年8月15日宣布独立，终结了近代英国在印度的殖民统治，并于1950年1月26日宣布成立印度共和国。

目前印度已成为软件业出口的霸主，金融、研究、技术服务等等也即将成为全球重要的出口国。印度是当今金砖国家之一，但工业基础较为薄弱，农业还不能基本自给。

1. 印度概况

印度文明是现存的人类文明中最古老的。已知最久远的印度文明是公元前约3000年的印度河文明，通常以其代表遗址所在地哈拉帕（今巴基斯坦境内）命名，称为哈拉帕文明。哈拉帕文化明分布范围非常广，从时间上看大致与古代两河流域文化及古埃及文化同一时期。在约公元前2000年，哈拉帕文明处于相当成熟之时，由于至今不明的原因衰落消亡。

西北方进入印度的雅利安人带来的新文化体系取代了哈拉帕文明，原雅利安文化、哈拉帕文化以及其他印度本土文化结合形成了吠舍文化（约公元前1000—约前500年）。印度文化的基础和大多数内容在这个时期形成，种姓制度大概在这时出现。公元前600年时，印度南方和北方形成了很多相互对抗的国家，通常认为吠陀时代到这时已经结束。这一时期被称为印度的列国时代，因为在这一时期产生了佛教，也常称之为佛陀时期。

公元前6世纪末期，波斯国王大流士一世征服了印度西北部地区。大流士一世将印度属地建为一个省，它可能是波斯帝国人口最多、最富裕的一个省。公元前 326 年，亚历山大大帝在征服波斯帝国后，又吞并了印度西北部。

公元前 322 年，旃陀罗笈多（又称月护王）统一了整个印度斯坦和西北大部分地区，建立起印度历史上第一个奴隶制政权——孔雀王朝，定都恒河边的华氏城（今天比哈尔邦巴特那附近）。旃陀罗笈多在位后期击退了亚洲最强有力的希腊统治者塞琉古一世的入侵，并获得对阿富汗的统治权[1]。孔雀王朝在阿育王时期到达巅峰，除了极南端的一些国家以外，整个印度在形式上都统一于帝国政权之下了。这一时期，佛教在阿育王的大力支持下广泛传播。但是，阿育王之后孔雀王朝的强盛即告终止，印度恢复到了列国时代的分裂状态。

约公元前 180 年开始，印度进入常见的地区性独立王国分治局面，其中贵霜帝国和笈多王朝曾经短暂统一过北印度，各种宗教在这时兴起。10 世纪中叶开始，北印度经受着长期的分裂、冲突和来自中亚的多次入侵[2]。而 9—11 世纪的南印度出现了几个强大的王国，如朱罗国和潘地亚。

公元 11 世纪开始，伊斯兰对印度进行了爆炸式的扩张。伊斯兰化的突厥人（居于今阿富汗地区）于 1206 年征服北印度地区，定都德里，建立穆斯林政权德里苏丹国，印度的穆斯林文化在这一时期有了很大发展。但是，德里苏丹国并未统一印度帝国，北印度的拉其普特人继续保有强大的力量，而南印度则几乎从未进入苏丹政权的版图。在图格鲁克王朝达到顶峰之后，德里苏丹国开始衰落，加上中亚的突厥人在帖木儿的带领下入侵，德里苏丹分崩离析，印度再次进入了列国时代。

1526 年，新的穆斯林征服者很快在西北方出现，帖木儿的直系后代巴布尔从中亚进入印度，在巴尼帕德战役中取胜，开创了莫卧儿统治时代。经过了胡马雍、阿克巴、贾汉吉尔、沙贾汗、奥朗则布时代，莫卧儿王朝达到顶峰，几乎统一了整个印度半岛。继沙贾汗之后的奥朗则布是个狂热的穆斯林，他征服印度教的南印度企图失败后，激起了锡克人、拉其普特人和马拉塔人的反抗。1707 年奥朗则布死后，印度即陷入了混乱中，外国殖民者开始踏上印度大陆。

到了 18 世纪，英国人经过一番斗争在印度的欧洲强国中取得了优势。1849 年，英国东印度公司成功掌握了印度全境的统治权，少数地区由葡萄牙及法国统治。

---

1 [美] 罗兹·墨菲. 亚洲史 [M]. 第 6 版. 黄磷，译. 北京：世界图书出版公司，2011.
2 [印度] 僧伽厉悦. 周末读完印度史 [M]. 李燕，张曜，译. 上海：上海交通大学出版社，2009.

1857 年，印度全境爆发了著名的印度民族大起义，但被镇压 [1]。随后印度由东印度公司转给英国政府直接统治，成立印度政府，并结束了名义上还存在的莫卧儿帝国。

随着印度现代化的缓慢深入，由一部分印度上层文化人引领的民族主义逐渐开始流行。1885 年印度国民大会党（简称国大党）成立，该党于 1920 年重组，主张独立的莫罕达斯·甘地获得领导权，并开展了一系列谋求印度独立的非暴力不合作运动。然而，英国殖民者利用印度教教徒和穆斯林之间的矛盾制造分裂，使得印度的穆斯林和印度教教徒之间的关系日益难以调和。1906 年，代表穆斯林利益的全印穆斯林联盟（简称穆盟）成立，穆罕默德·阿里·真纳成为该党领袖，印度的两大教派逐渐失去了团结的可能性。

第二次世界大战期间，印度民族运动得到发展，1944 年甘地与真纳会晤以失败告终，而印度穆斯林广泛支持建立独立的伊斯兰教国家。第二次世界大战结束后，由于英国实力急剧衰落，其在印度的殖民统治已经不可能维持。1947 年，根据英国提出的《蒙巴顿方案》，巴基斯坦和印度两个自治领分别于 1947 年 8 月 14 日和 8 月 15 日成立，印度成立印度共和国，但仍为英联邦成员国。

2. 人文地理环境

印度（图 0-1）位于北半球，是世界第七大国，国土总面积约 298 万平方公里，从北到南全长 3 214 公里，从东到西全长 2 993 公里，印度半岛亦是南亚的主体。印度地理条件具有多样性：从雪山到沙漠，从平原到雨林，从丘陵到高原，涵盖各类自然风光。印度囊括了位于印度板块的印度次大陆的绝大部分，以及印度—澳洲板块的偏北部分。印度海岸线长达 7 000 多公里，其中大多数位于亚洲南部半岛，伸入印度洋。印度西南部沿着阿拉伯海，东部以及东南部与孟加

图 0-1　印度地形图

---

1 ［美］罗兹·墨菲. 亚洲史[M]. 第 6 版. 黄磷，译. 北京：世界图书出版公司，2011.

拉湾接壤。印度西北部与巴基斯坦和阿富汗接壤，北部与中国、不丹和尼泊尔接壤，东部与缅甸接壤，印度西孟加拉邦的东部是孟加拉国，南部是斯里兰卡、马尔代夫等岛国。

印度全境炎热，大部分地区属于热带季风气候，而印度西部的塔尔沙漠则是热带沙漠气候。夏天时有较明显的季风，冬天则较无明显的季风。印度气候分为雨季（6—10月）与旱季（3—5月）以及凉季（11—次年2月），冬天时因受喜马拉雅山脉屏障影响，所以无寒流或冷高压南下影响印度。

印度的人口达到12亿多，是世界上仅次于中国的人口第二大国，印度的主要族群包括了72%的印度－雅利安人和25%的达罗毗荼人。印度还有一群非定居的族群，人类学家已辨识出印度约有500个非定居的流浪团体，人数可能高达8 000万人 [1]。

印度是一个宗教色彩非常浓厚的国家，也是众多宗教的发源地，几乎能在印度找到世界上所有的宗教，因此印度还被称为"宗教博物馆"。印度约有80.5%的人口信仰印度教，其他主要宗教团体有伊斯兰教（13.4%）、锡克教（1.9%）、耆那教（0.4%）、基督教（2.3%）。佛教虽然起源于印度，但是如今在印度的影响力比较小，佛教信徒分布在北部的拉达克和喜马偕马邦与中国西藏接壤地区，但佛教的传播对印度周边的国家却有相当大的影响。

3. 相关概念的界定

（1）现代建筑："现代建筑"一词有广义和狭义之分，广义上包含了20世纪出现的各种风格的建筑流派的作品，而狭义上专指20世纪20年代形成的"现代主义建筑"。本书涉及的"现代建筑"一词是广义上的概念，在本书中狭义上的"现代建筑"概念用"现代主义建筑"表示。

（2）地域范围：本书研究的地域范围限定在南亚次大陆上的印度共和国，其成立于1947年，国土面积约317万平方公里，人口约为12亿，境内共划分为28个邦、6个联合属地和国家首都新德里。

（3）时间跨度：印度现代建筑的开端被认为是印度独立的1947年，第一座现代建筑被认为是1948年建造的本地治里"戈尔孔德住宅"。时间跨度上为1947年至今的69年。

---

1 ［美］罗兹·墨菲. 亚洲史[M]. 第6版. 黄磷, 译. 北京：世界图书出版公司, 2011.

4. 国内外研究现状

国内学者对印度现代建筑的研究比较少，而且研究对象的年代和内容也有局限，大多集中于对印度独立初期西方建筑大师在印度进行的建筑创作的介绍上。已出版的专著主要有：河南科学技术出版社 2003 年 10 月出版的《印度现代建筑》，由邹德侬、戴路撰写，主要介绍了印度传统建筑和建筑观、印度现代建筑的发展、西方建筑大师的认识和创作、本土建筑师的作品以及对我们国家建筑师的启示，全书对印度建筑做了较全面的介绍，内容翔实，实例丰富，具有较高的参考价值；中国建筑工业出版社 2003 年 7 月出版的《柯里亚的建筑空间》，主要探讨了柯里亚作品的形式和空间构造中蕴含的思想理论，涵盖了柯里亚大部分建筑作品，对柯里亚的建筑理论做了总结性介绍；天津大学出版社 2012 年出版的《印度建筑印象》，主要记述了作者及其团队在孟买、新德里和阿格拉三座城市进行的调研，并介绍了这三个地区的古代建筑遗迹和近现代标志性建筑，全书为考察日记，照片具有写实性。

国外学者对印度现代建筑的研究比国内起步早，研究内容广泛而深入，研究范围更为全面，对 21 世纪印度现代建筑的介绍也较多，但是没有引进中文版图书，在国内影响有限。值得庆幸的是印度的图书很多都不用印度文，而是英文版本。笔者在印度的书店、图书馆、博物馆等地寻找到一些相关书籍可供参考，如：《现代传统：印度当代建筑》（Modern Tradition：Contemporary Architecture in India），由克劳斯·彼得编写，全书简略介绍了印度独立前后现代建筑的发展历程，对印度现代建筑中重要实例做了分析，具有一定的参考价值，但是缺乏对印度本土建筑师的介绍；《1990 年后的印度建筑》（Architecture in India since 1990），由拉胡尔·特拉编写，主要介绍了 1990 年以后印度经济发展对印度现代建筑的转变和发展的影响，分为全球实践、地域建筑、可持续发展建筑和现代建造的神庙建筑四个篇章，时间上具有局限性，着重于 20 世纪 90 年代以后。中国建筑工业出版社 2005 年出版的译著《勒·柯布西耶全集（第五卷）》、《勒·柯布西耶全集（第六卷）》，介绍了柯布西耶 1946—1957 年在印度的建筑创作，其对印度现代建筑中柯布西耶的建筑解读也具有很重要的参考价值

本书从印度古代建筑概述、印度现代建筑初期、西方建筑大师实践期、印度本土建筑师探索期以及印度现代建筑转变期五个层面进行撰写。其中"西方建筑

大师实践期"和"印度本土建筑师探索期"以各个时期在印度有影响力的建筑师为线索而展开;"印度现代建筑转变期"则按照建筑类型重点分析了一些典型实例(图 0-2)。

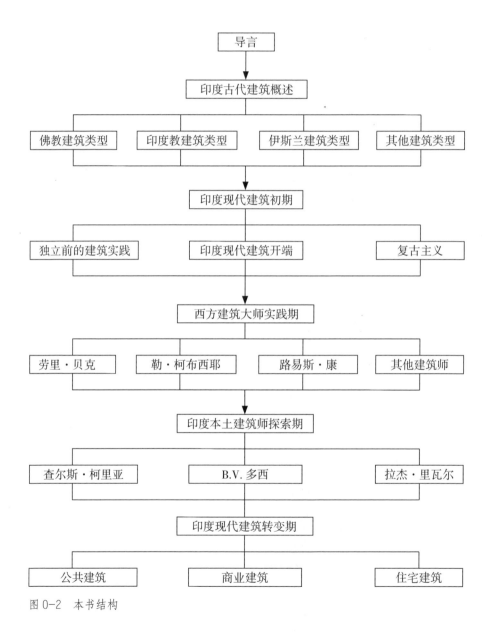

图 0-2　本书结构

第一章　印度古代建筑概述

印度作为四大文明古国，拥有灿烂的古代文明，建筑艺术方面的成就也相当高。古印度诞生了佛教，因应佛教宗教需求诞生的窣堵坡、佛教寺庙以及石窟寺等建筑类型影响了周边如中国、日本、斯里兰卡等很多国家的建筑；信仰人数最多的印度教创造了很多宏伟壮观的神庙建筑，成为印度古代文明的瑰宝；从公元8世纪开始，伊斯兰教进入印度，到公元16世纪阿克巴基本完成统一印度的大业，伊斯兰教对印度影响巨大，伊斯兰建筑和印度传统建筑碰撞出异彩。

第一节　佛教建筑类型

1. 窣堵坡

佛塔和窣堵坡的英文名都是"Stupa"，窣堵坡应该算是音译，但现在习惯称覆钵式的塔为"窣堵坡"，而尖顶的塔为佛塔。

窣堵坡是印度早期的主要佛塔形式，是一种实心的半球形建筑物，形态类似于坟堆。其功能是用于保存佛陀的圣骨以及遗物，是举行大型宗教仪式的场所，是信徒的崇拜对象。经历了上千年的演变，窣堵坡从一开始的存放遗物的地方，演变成被赋予了多种不同象征意义的崇拜对象。其被视为佛陀以及佛法的存在形式，代表了对后世得道高僧的纪念，代表了宇宙。

印度现存保存最好的窣堵坡是中央邦的桑契窣堵坡，其距离中央邦首府博帕尔（Bhopal）70公里。传说在公元前3世纪的孔雀王朝[1]，阿育王[2]斥巨资建造84 000座窣堵坡来收藏佛祖的84 000份骨灰。经过两千多年的岁月涤荡，在中央邦桑契村附近的8座窣堵坡仅存3座，其中桑契窣堵坡是现存最早、最大且最完整的窣堵坡。

目前桑契1号窣堵坡为主佛塔（图1-1、图1-2、图1-3），直径达到36.6米，高度为16.46米。佛塔由3部分组成：圆形底座（Medhi）代表地

图1-1　桑契1号窣堵坡主塔

---

1 孔雀王朝：约公元前324年—约前187年，印度古国摩揭陀国著名的奴隶制王朝，创造者旃陀罗笈多。
2 阿育王：孔雀王朝第三代国王，早年好战杀戮，晚年信佛教，在全国各地兴建佛教建筑。

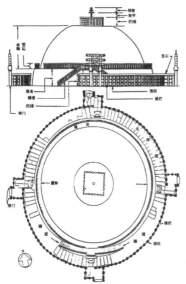

图 1-2　桑契 1 号窣堵坡平、立面　图 1-3　桑契 1 号窣堵坡北塔门

球；穹顶的主体结构（Anda）代表天空；方形扶栏（Harmika）象征建筑超然一面，扶栏上的桅杆代表佛塔形成的 3 个虚构的螺旋。窣堵坡是用砖块和填充材料建成的同心结构，外面覆盖着石头。遗物盒被安放在"曼陀罗"的中点，代表着一种"宗教圣地"的完美定义——万物由此得到普照，万物由此获得回归。后来遗物盒被向下移动到了结构的最凹处，扶栏的代表意义也变换成世界中心虚构的宇宙山，而扶栏上的桅杆则被视为连接地面以上世界、地面世界和天堂的神柱[1]。佛塔周围的一圈围栏被作为佛教仪式的边界线，在仪式上，信徒要绕着塔按顺时针方向绕行。围栏起到了隔绝圣地和世俗的功能，同时它还象征着环绕宇宙的山系。桑契窣堵坡在 4 个基本方位设置了门，4 个方向的门和坛场中心连接形成十字，在入口处围墙突出，让十字形变形成卍字形。卍字形在印度象征着太阳，引申义为时间，寓意着佛陀作为万物起源和作为空间和时间上的第一法则。

在桑契 1 号窣堵坡附近的 3 号窣堵坡（图 1-4）规模要小得多，朴素得多，而且只有一个入口，艺术价值不及 1 号窣堵坡，但因其墓室中安葬了佛陀的两个著名弟子舍利弗和目犍连的遗骨，因而具有重要的宗教意义。

---

1 玛瑞里娅·阿巴尼斯. 古印度——从起源至公元 13 世纪 [M]. 刘青，张洁，陈西帆，等译. 北京：中国水利水电出版社，2005：134-139.

3号窣堵坡有一条小路通向2号窣堵坡（图1-5）。2号窣堵坡建在人造平台上，外观和3号窣堵坡相似，但没有入口，陈列室并不在窣堵坡的中心。2号窣堵坡的栏杆上有精美的植物、人和动物的雕刻。

图1-4　3号窣堵坡

吠舍离现存的覆钵式窣堵坡（图1-6）建造于阿育王时期，为了纪念猴王供奉蜂蜜给佛而建造，在贵霜时代提升了佛塔的高度，在笈多时代进行了全面的修复。这座窣堵坡比较朴素，现存只剩半圆形主体，有4个入口台阶，但不能进入窣堵坡内。没有围栏和顶部的扶栏，有可能被毁，也有可能是本来就没有建造。吠舍离窣堵坡旁是阿育王柱（图1-7），高11米，顶部是一只面向窣堵坡的坐狮，石柱有笈多时代的文字雕刻，而不是常见的阿育王诰文[1]。

图1-5　2号窣堵坡

图1-6　吠舍离窣堵坡

2. 佛教寺庙及佛塔

印度佛教寺庙是围绕着窣堵坡建造精舍[2]和毗诃罗[3]发展起来的建筑群。佛教寺院现如今已经基本被大规模毁坏，从现存的遗址中只能看出寺庙的平面构成。从早期雏形可以看出佛教寺庙由窣堵坡、讲堂[4]和精舍三种形式组成。以窣

1 赵玲. 从吠舍离到加尔各答[J]. 圣迹, 2011（02）.
2 精舍：佛教徒休息和修行的场所。
3 毗诃罗：小型僧房，佛教徒聚集居住的地方。
4 讲堂：讲经论道的地方。

图 1-7　阿育王柱

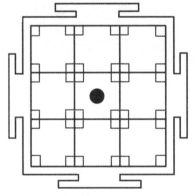

图 1-8　曼陀罗图形

堵坡为中心，围绕建造其他建筑。佛教初期是非偶像崇拜的，认为佛祖是无相的，所以常以佛脚印、菩提树、法轮等代表佛陀。发展到公元 1 世纪末，出现了佛教雕刻艺术，此后佛像出现在寺庙，原本以窣堵坡为核心的平面布局逐渐被供奉神像的神殿为中心的构图取代。

曼陀罗（图 1-8），在佛经中译为"坛场""道场"等，是古印度文化中重要的一种图形。它代表了印度的宇宙观，象征七个实体星球和两个虚拟星球。曼陀罗图形对印度佛教具有一定影响，据记载印度佛教寺庙常以曼陀罗图形为依据来建造。

佛教寺庙常以佛塔为中心，包括覆钵形的窣堵坡和金刚宝座塔。金刚宝座塔是佛教密宗的一种佛塔形式，样式分为上下两部分，下部为方形的塔座（称为金刚宝座），上部是五座塔，五座塔的形式又有密檐式、楼阁式、覆钵式等。五座塔分别代表五方佛，中间最大的塔代表大日如来，东面的代表阿閦佛，南面的代表宝生佛，西面的代表阿弥陀佛，北面的代表不空成就佛[1]。

现存最早的金刚宝座塔是比哈尔邦南部的菩提伽耶的摩诃菩提大塔（图 1-9、图 1-10）。相传佛陀在菩提伽耶的菩提树下悟道，后人对其悟道的菩提树进行崇拜，并在此修建了佛塔。摩诃菩提大塔在 19 世纪发掘修复，现存的遗址主要以摩诃菩提大塔为中心，周围以石围栏围出转经道，外围分布着大大小小的小塔和还愿塔（图 1-11），小塔形制类似于摩诃菩提大塔，但规模小得多。小塔的主立面大多朝向中心的摩诃菩提大塔，这种小塔朝向中心大塔的做法是佛教寺庙中常用的布局模式。摩诃菩提大塔背面

---

1 金刚宝座式塔［DB/OL］.（2014）. http://zh.wikipedia.org/wiki/.

图 1-9　摩诃菩提大塔　图 1-10　摩诃菩提大　图 1-11　摩诃菩提大塔周围小塔
　　　　　　　　　　　　　　塔主塔

图 1-12　菩提树　　　　　　　　　　　图 1-13　佛脚印

是佛陀悟道的菩提树[1]（图 1-12）和佛脚印（图 1-13）。

　　摩诃菩提大塔高约 50 米，主入口朝东，入口处设置了布满雕刻的石牌坊。
摩诃菩提大塔由基座和五座塔构成，五座塔为一座中央大塔和四座小塔。摩诃菩
提大塔布满雕刻，塔基雕刻着一圈佛像，副入口处除了两个较大的立佛外，其余
大部分都为坐佛，偶尔出现一两个很小的立佛，佛像全身或者局部贴有金箔。塔
基上的雕刻较为精美，五座塔上的雕刻以几何形和柱子为主，中间大塔每面中间
竖向雕刻内会出现佛像和莲花雕刻。摩诃菩提大塔内部供奉着佛像，是整个大塔
的主要部分。

　　精舍（图 1-14）是供佛教徒休息和修行的场所。在平面布局上，精舍由小
室、庭院和廊子三部分围合成院落式。小室用于供佛教弟子们休息和打坐使用，

---

1 菩提树：菩提树寿命只有几百年，现存的这棵菩提树是由斯里兰卡的圣菩提树的枝条培育而成，而
圣菩提树是由佛陀悟道的菩提树培育而成。

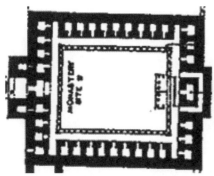

图 1-14　精舍典型平面　　　　　　　图 1-15　那烂陀寺遗址

在佛教发展到后期，精舍内出现了一间专门用来供奉佛像的小室。供奉佛像的小室略大于其他小室，一般位于面对主入口房间的中间位置[1]。小室、廊子和庭院的布局体现了一种内外的自然过渡，具有内向性，有利于佛教弟子参佛。

印度佛教寺庙一个典型例子是位于今印度比哈尔邦巴特那附近的那烂陀寺（图 1-15）。那烂陀寺始建于 5 世纪，在 7 世纪成为印度大乘佛教的佛学中心，中国唐朝高僧玄奘曾经在此学习。12 世纪那烂陀寺遭到伊斯兰教教徒侵略而毁灭，据说，当时寺内的 900 万册典藏被焚烧，大火烧了六个月。

那烂陀寺（图 1-16）以线状路径发展，具有东西两条轴线，东侧轴线分布着僧舍，西侧轴线分布着公共建筑。西侧为教学区，由四组寺庙以及佛塔组成。那

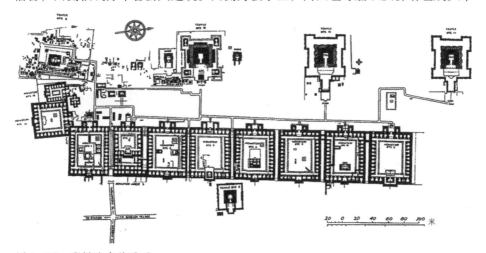

图 1-16　那烂陀寺总平面

---

1 徐燕. 印度佛教建筑探源 [D]. 南京：南京工业大学，2014.

烂陀寺的主要功能是作为佛教大学之用，因此并没有按照早期佛教寺庙围绕佛塔建造寺庙的布局。东侧为僧舍，采用连续线形的布局形式一字排开。每座精舍都按传统精舍的院落形式布局，精舍入口朝向寺庙，相邻的精舍间留有通道穿行。

如今的那烂陀寺只剩下残垣断壁，只能够看出精舍的平面布局和寺庙的一些遗迹。但是那烂陀寺静谧安详的环境，仍然能够让人们感受到神秘的宗教气息。

3. 石窟及石窟寺

古代印度建造石窟的活动开始于公元前 5 世纪前后的孔雀王朝时期，阿育王对印度的石窟建造领域做了很大的贡献，后来石窟建筑的成功在很大程度上归功于他。按照惯例，当地国王在雨季主持僧侣安居静修，沉思冥想。5 世纪，受后期佛教石窟的影响，印度各地开始开凿石窟，除佛教外，印度教、耆那教也开凿石窟。印度现存的宗教洞窟达 1 200 多个，而其中 3/4 为佛教石窟。石窟大部分集中在西印度的德干高原，少数分布在比哈尔邦及奥里萨邦[1]。

石窟群和佛教寺庙一样主要包含两种功能：僧众的生活起居和宗教活动。所以，石窟群可分为两种对应功能的石窟类型：精舍窟（图 1-17）和支提窟（图 1-18）。精舍窟典型的平面形式和佛教寺庙的精舍相似，其方形大厅代替精舍中的庭院，三面开凿小室供僧众修行，一面供人进出。

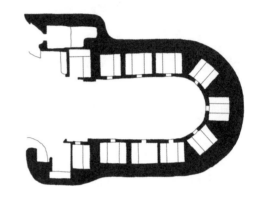

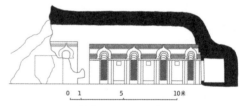

图 1-17　贝德莎（Bedsa）精舍窟

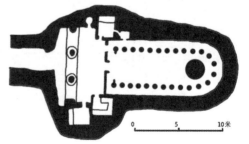

图 1-18　贝德莎（Bedsa）支提窟

支提窟是一种重要的建筑类型，在石窟群中位居中心，供僧众绕塔诵经和观像

---

1 王濛桥. 印度佛教石窟建筑研究 [D]. 南京：南京工业大学，2013.

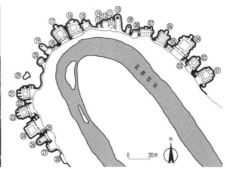

图 1-19　阿旃陀石窟外观　　　　　　　　图 1-20　阿旃陀石窟总平面

之用。支提窟平面通常呈 U 字形，但也有其他形状的，如圆形和长方形支提窟。支提窟内主体是窣堵坡，围绕着窣堵坡有侧廊，僧众可在其中绕塔诵经。

　　早期的佛教石窟中以佛塔代表涅槃后的佛陀，而晚期佛教石窟出现了佛陀的人形佛像，但佛像的出现并没有代替原先的佛塔，而是以"佛塔合一"的方式进入石窟内。原先的佛塔上加设一佛龛，佛龛内设置佛像。由于佛像的尺寸大小和空间关系，佛塔由最开始的覆钵形转变为钟形[1]。佛像出现后产生的石窟壁画也成为佛教艺术的重要组成部分。这一时期在支提窟内还出现僧房，将僧众的生活起居和宗教活动结合在一起。

　　阿旃陀（Ajanta）石窟（图 1-19、图 1-20）是印度佛教石窟的杰出代表，位于德干高原西北，共有 30 个高低错落的洞窟。阿旃陀石窟群开凿于两个时期，分别为公元前 2 世纪和公元 5 世纪，见证了印度早期佛教石窟和晚期佛教石窟的变化。早期阿旃陀石窟开凿了 3 个支提窟（图 1-21）、3 个精舍窟，晚期则开凿了 3 个支提窟、22 个精舍窟，在规模上明显变大了，但支提窟的比重却变小了。早期支提窟为最中间的 5 个石窟群（第 8、9、10、12、13 窟），这些石窟以第 9、10 两座支提窟（图 1-22）为中心。石窟内装饰较少，没有佛像，以佛塔为中心。后期开凿的石窟出现佛像并且装饰、壁画（图 1-23）更加精美。

　　阿旃陀 1 号窟有门廊、前厅、多柱式房间、佛龛及摩诃迦那迦王子[2]神像，窟内后还有莲华手菩萨、镶嵌有珠宝的菩萨以及审判情景。2 号窟建筑布局和 1 号窟一样，它闻名于佛陀母亲摩耶王后的肖像和前厅独特的天花板。16 号窟并不设

1　王濛桥. 印度佛教石窟建筑研究 [D]. 南京：南京工业大学，2013.
2　摩诃迦那迦王子：佛陀成佛前的肉身之一。

图 1-21 第 19 窟

图 1-22 第 9 窟

图 1-23 摩诃迦那迦出生壁画

前厅，取而代之的是环绕的一条布满佛陀浮雕的长通道[1]。阿旃陀石窟的雕刻和绘画通过肢体语言、手势、面部表情准确地表现了人物的情感。

位于印度孟买北部的坎赫里（Kanheri）石窟群（图 1-24、图 1-25）建造时间从公元前 1 世纪持续到公元 11 世纪，时间跨度长达 1 200 多年，和阿旃陀石窟一样将早期石窟和晚期石窟融入在一起。坎赫里石窟群位于孟买附近的海岛上，是印度单一山丘上开凿洞窟数量最大的一个石窟群，洞窟总计 109 个，其中有 5 个是支提窟，其余为大部分的精舍窟和小部分的水池窟[2]。坎赫里石窟群虽然规模宏大，但石窟内的雕刻水平远不及阿旃陀石窟。

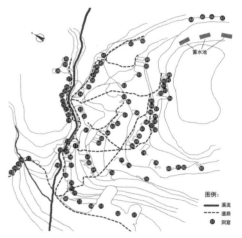
图 1-24 坎赫里石窟总平面

图 1-25 坎赫里石窟

---

1 玛瑞里娅·阿巴尼斯. 古印度——从起源至公元 13 世纪 [M]. 刘青，张洁，陈西帆，译. 北京：中国水利水电出版社，2005：212-217.

2 水池窟：开凿用于蓄水的水池，顶部设小方口，雨水通过沟槽流入池内。

第二节　印度教建筑类型

1. 印度教石窟

受后期佛教石窟影响，到 5 世纪，印度教也开始开凿石窟。印度教最早的石窟开采在乌德耶里，到 6 世纪中期，德干高原西北部的迦格修瓦里、巴达米、象岛等地也开凿石窟。印度教、佛教、耆那教石窟有时开凿在一起，如位于印度西部马哈拉施特拉邦埃罗拉境内的 34 座石窟中，有 12 座佛教石窟、17 座印度教石窟、5 座耆那教石窟。此外在印度东南部也开凿石窟[1]。

由于印度教教徒和佛教徒的宗教生活方式不一样，所以印度教的石窟和佛教石窟在造型和平面布局上是有所区别的。印度教的教徒没有佛教徒的修行生活，因此将石窟转变成集中式，不设置佛教徒修行的僧舍。由于崇拜的对象不同，印度教石窟内也没有象征佛陀的窣堵坡，而是凿刻湿婆[2]和毗湿奴[3]的造像以及大神们的神兽雕像等。在空间构成上，印度教石窟受到印度教寺庙影响，设置前殿、柱廊和圣所等。圣所控制着印度教石窟的轴线，从入口至圣所发展石窟轴线。有的石窟采用十字形双轴线控制，两条轴线都能够到达圣所。8 世纪，石窟进一步发展，出现了整座

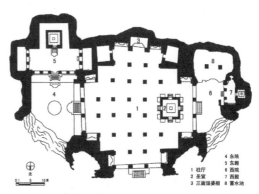

图 1-26　象岛石窟平面

图 1-27　象岛石窟

---

1 布野修司. 亚洲城市建筑 [M]. 胡惠琴, 译. 北京: 中国建筑工业出版社, 2010: 158-160.
2 湿婆: 印度教三大神之一, 毁灭之神, 兼具毁灭和创造两重性格, 呈现各种不同的面貌。
3 毗湿奴: 印度教三大神之一, 维护之神, 和湿婆二分神界权力, 乘金翅鸟, 通常形象是四臂握有法轮、法螺贝、棍棒和弓。

寺院都由岩石雕刻而成的石窟寺。
印度教石窟的平面受到其神庙的影
响，模仿其空间构成开凿石窟寺。
埃罗拉16窟——凯拉萨神庙模仿
了前期遮娄其王朝[1]的毗楼博叉天
（Virupaksa）寺庙，有门楼，前庭
设置南迪堂，两侧立纪念柱。经过
了门廊、楼厅、玄关大厅后被引向
圣所。

图1-28　湿婆像

　　印度教石窟的代表有象岛和埃
罗拉石窟。象岛（图1-26、图1-27）上有很多石窟，其中有一座供奉湿婆（图1-28）
的石窟最为著名。这座石窟平面呈十字形，拥有两个轴线的入口，分别位于东西
两侧，每个入口都可以到达中央的内殿。从东侧入口进入的轴线上穿插着原先有
南迪像的庭院、多柱廊结构、内殿和西侧庭院，另一条轴线通向湿婆的三面像。
三面像华丽而宏伟，中间的脸庞庄严肃穆，代表创造者梵天，而另外两个头像一
个是女性脸庞的喜天神，一个是男性脸庞的恐怖之神。

　　埃罗拉16窟（图1-29~图1-31）是埃罗拉石窟群中最重要且最著名的一个
石窟，是世界上由整体花岗岩雕刻成的最大的石窟寺。石窟寺纵深约80米，宽
约40米，高约32米，由门楼、祠堂、前殿和主殿四部分组成。神庙西面的入口

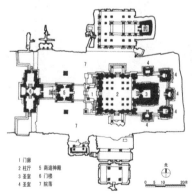

1 门廊
2 柱厅　5 南迪神殿
3 圣室　6 门楼
4 圣室　7 院落

北

0　5　10　　20米

图1-29　埃罗拉16窟平面

图1-30　埃罗拉16窟之一

1 遮娄其王朝：遮娄其人于6—11世纪在印度中部和南部建立的王朝。

处是一座方形门楼，进入门楼
便是南迪的祠堂。祠堂两侧各
有一根高约 18.3 米的雕饰幢柱，
幢柱两旁分别立着两只大象塑
像。祠堂之后是前殿和主殿，
两殿前后相连。前殿内部是柱
廊结构，由 4 根一组的 16 根列
柱支撑。主殿高大雄伟，神像
林立，三层庙塔精巧无比，四

图 1-31　埃罗拉 16 窟之二

壁回廊雕像众多。这些雕像有的威武强悍，有的温柔欢快，神采各异，栩栩如生。
雕刻题材主要取自史诗《罗摩衍那》《摩诃婆罗多》的故事和湿婆的往世书神话。
在神庙入口走廊处伫立着三尊河流女神浮雕，分别是恒河、亚穆纳河与瑟勒斯沃
蒂河女神，女神雕像既保持着笈多古典主义的宁静、高贵、和谐，又充满着印度
巴洛克式的优雅、华美、活泼，被公认为印度雕刻中女性美最高典范。

2. 印度教神庙

印度教神庙被教徒们认为是神灵在人间的居所，神庙通常由四部分组成：
圣室、前厅、柱厅、门廊。圣室，原意为子宫，引申义为宇宙生命的胚胎，它是
整座神庙最神圣的地方。圣室内供奉着神灵的神像或象征物，毗湿奴神庙内通常
供奉着毗湿奴的神像或者化相，湿婆神庙中通常供奉着湿婆的象征物林伽或林伽
与尤尼的结合物，分别象征着宇宙的生命力或者男女结合创造的无穷活力。圣室
上方通常是被称为希卡罗的高耸塔状屋顶，希卡罗原意为山峰，象征着神灵的住
所——宇宙之山弥卢山或者凯拉萨山。柱厅，原意为飞车，是神灵巡行宇宙的车
乘，柱厅上方同样设有向上升起的屋顶。通常，印度教神庙采用坚固的石材建造，
能够在时间长河的涤荡中保存下来。

印度教神庙建筑造型丰富，布局方式也各不相同，平面布局有点状、线状和
面状等多样。小型印度教神庙通常是点状的，由单个圣室或者圣室和门廊组成。
由于点式神庙灵活性强，对场地要求不高，因此在城市中出现数量较多。中型印
度教神庙通常呈线状布局，由圣室、前厅、柱厅、门廊四部分构成，这是印度教
神庙最为常见的布局方式，神庙体量较大，造型丰富。中型神庙对建造场地要求

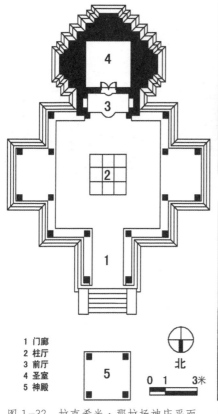

图 1-33　拉克希米·那拉扬神庙

1　门廊
2　柱厅
3　前厅
4　圣室
5　神殿

5

北

0　1　　　3米

图 1-32　拉克希米·那拉扬神庙平面　　图 1-34　贾格纳神庙

较小型神庙高，通常建在城市道路两侧或道路的交叉口，与道路呈垂直关系。贾普尔安伯古城内的拉克希米·那拉扬神庙（图 1-32、图 1-33）是中型线状神庙的一个例子。神庙位于城市道路的交叉口，周围有一圈绕行的街巷将神庙和周围建筑物隔离开来，从而从建筑群中脱颖而出。大型神庙通常是一个神庙群，通过围墙和柱廊结合，构成院落式的建筑组群，在平面上呈面状分布。大型神庙具有极高的地位，通常每个城市只有一到两座。位于奥里萨邦布里（Puri）的贾格纳神庙（Shri Jagannath Temple，图 1-34）是一座院落式神庙，平面呈方形，拥有内外两重院落。神庙居于院落中央，入口设于东面，沿着参拜顺序依次为献祭厅、舞厅、前厅和圣室，构成一个线性的空间序列。

　　神庙除了平面布局上的区别外，在建筑造型上也各有不同。造型的主要差别体现在圣室上方高耸的屋顶上，根据地理位置的不同，屋顶通常可以分为北方的

图1-35　三种希卡罗式屋顶类型

希卡罗式和南方的达罗毗荼式。但这种分类法也不是绝对的，中世纪的印度有很多北方神庙模仿南方神庙建造，而南方同样出现北方的希卡罗式，中部地区则出现了结合南方和北方屋顶形式的混合式屋顶。

希卡罗原意为山峰，特指印度教神庙圣室上方塔状屋顶，象征众神灵居住的宇宙之山。希卡罗式屋顶呈曲拱形，与玉米和竹笋的造型类似，表面有凹凸的装饰线脚，顶部为阿摩洛迦的圆饼形冠状盖石，而竖立在盖石上方的金属饰是神庙供奉神灵的标志，法轮象征着毗湿奴，三叉戟则代表湿婆神[1]。在希卡罗式中还存在着变化，比例关系、线脚形式、组合方式等都会有所不同，因此造型也千差万别。希卡罗式屋顶又可以细分为拉蒂那、色诃里和布米迦三种主要的形式（图1-35）。

南方的达罗毗荼式风格主要有毗玛那式和翟罗布式。毗玛那原意为宫殿，其代表的屋顶形式是方角锥形或棱柱形的屋顶，在8世纪左右，毗玛那式神庙真正成形，盛行在印度南部和中部。毗玛那式神庙通常是方形底座上升起阶梯状的角锥形屋顶，层层叠叠，逐层缩小。位于泰米尔纳德邦的巴利赫蒂希瓦尔神庙（图1-36）是毗玛那式神庙最典型的代表。巴利赫蒂希瓦尔神庙建于12世纪，

1　萧默.天竺建筑行纪[M].北京：生活·读书·新知三联书店，2007.

是一座院落式的神庙建筑，主体神庙圣室上方的毗玛那屋顶共有 15 层，高达 61 米，顶部的多边形盖石重达 80 吨[1]。

瞿布罗（图 1-37）原意为门塔，指神庙院门上方高耸的四锥形屋顶，

图 1-36　巴利赫蒂希瓦尔神庙　　图 1-37　瞿布罗式屋顶

其成形于 13 世纪，是伊斯兰统治时期南印度神庙最醒目的构件。瞿布罗式屋顶底层为长方形平面，从下而上沿着长边逐层内收，从立面上可以看到一条柔和的曲线，表面布满各种线脚和人物雕像，繁复绚丽。瞿布罗式屋顶顶部是圆筒形的条状盖石，上方通常为一排宝瓶饰[2]。

除了石砌神庙外印度在特定地域还有很多其他类型的神庙。喜马拉雅山脉的印度教神庙具有丰富的地域性，因为该地雨水极多，所以多使用很陡的人字形屋顶、四坡顶、方形屋顶。而木材丰富的地域，如喜马偕尔邦，能够见到很多木造神庙。

第三节　伊斯兰建筑类型

1. 清真寺

清真寺，也称为礼拜寺，是伊斯兰穆斯林进行礼拜、举办宗教教育和宣教的场所，也是伊斯兰建筑中最重要的部分。清真寺的建筑形式产生于它的宗教文化特性，体现了伊斯兰教信仰、行为及理论。由于伊斯兰教没有偶像崇拜，因此清真寺不像印度教和佛教的神庙那样设神像，没有神座、祭坛等让清真寺内部简洁

---

1 萧默.天竺建筑行纪[M].北京：生活·读书·新知三联书店，2007.

2 沈亚军.印度教神庙建筑研究[D].南京：南京工业大学，2013.

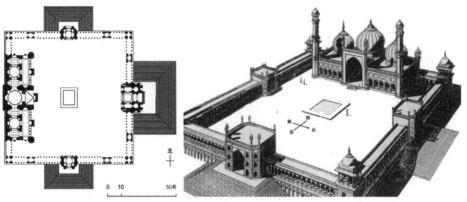

图 1-38 贾玛清真寺平面　　　　图 1-39 贾玛清真寺

清爽。伊斯兰教认为真主是无形的，因此伊斯兰教建筑的雕刻装饰通常采用植物、几何、文字等图案，色调清新淡雅。全世界的穆斯林都朝着圣地麦加方向礼拜，在印度是朝向西方，而印度的清真寺内设置了一面被称为"米哈拉布"的礼拜墙，礼拜墙和入口相对，当信徒朝向礼拜墙礼拜时，就是朝着圣地麦加方向朝拜。为了容纳更多的人，礼拜殿采用宽开间短进深的布局方式。清真寺设有净池，为信徒净身之用，在清真寺侧边还有召唤人们做礼拜的高耸的楼阁式宣礼塔和为封斋和开斋使用的望月楼等。

　　位于德里老城区的贾玛清真寺（图 1-38、图 1-39）是现印度规模最大的清真寺。德里贾玛清真寺始建于 1650 年，大约花费了近 6 年的时间和 100 万卢比，是一个伊斯兰建筑杰作。贾玛清真寺的北面、南面和东面入口都有宏伟的台阶，主入口在东面，以前是帝王专用通道，西面保留着礼拜大厅。贾玛清真寺入口立面为对称构图，中间高耸着三层的高门楼，两旁建设有开敞的连续拱廊，左右转角处立有方形尖顶小亭。从东门进入后，是一个可容纳 20 000 人的长方形大广场，广场中央是净池，周围是一圈柱廊。正对着的礼拜殿同样是对称布局，面阔 61 米，纵深 27.5 米，中间高耸着门墙，两边连续拱廊连接着整个清真寺的最高点高塔。礼拜殿的屋顶使用了三个典型的伊斯兰葱头形鳞茎穹隆顶，表面饰有瓜楞状竖纹，采用白色的大理石建造，整个清真寺端庄、宏伟、肃穆。贾玛清真寺使用了红色的砂岩以及白色大理石，这是印度伊斯兰教典型的色彩搭配。

　　法塔赫布尔·西克里城堡内的星期五清真寺（图 1-40）南北向 133.1 米，东西向 165.2 米，其规模在当时印度的清真寺中是最大的。星期五清真寺遵循了传统

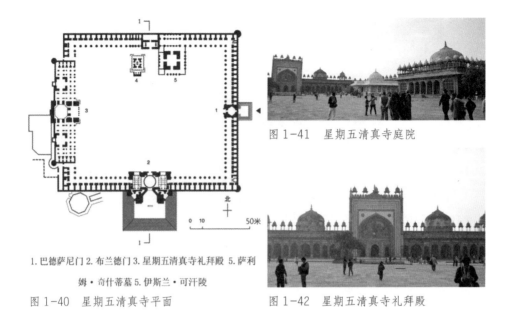

图 1-41　星期五清真寺庭院

1.巴德萨尼门 2.布兰德门 3.星期五清真寺礼拜殿 5.萨利
姆·奇什蒂墓 5.伊斯兰·可汗陵

图 1-40　星期五清真寺平面

图 1-42　星期五清真寺礼拜殿

清真寺布局，由一个开放庭院（图 1-41）、三面柱廊以及西面的礼拜殿（图 1-42）
组成。礼拜殿的拱廊由一排尖券组成，廊中间的伊旺打破单调的水平线。伊旺是
伊斯兰建筑入口的一种做法，左右有两座高塔，中间为一堵正中间凹进去的厚墙。
星期五礼拜殿内部的红砂石上镶嵌着白色大理石装饰的几何图案，还有装饰着植
物图案和阿拉伯花纹的彩色墙壁。

2. 陵墓

陵墓起源于莫卧儿[1]君主的宗教观念，并被发展到前所未有的精美程度。
14—15 世纪，印度工匠学会拱券和穹顶的砌筑方法后将其应用到陵墓建筑中。
1540 年修建在人工湖中的舍尔沙陵墓是印度莫卧儿陵墓建筑艺术的不朽之作。苏
丹统治时期的陵墓体量较小，造型是在四方形的建筑上加一个穹顶，方和圆的组
合成为伊斯兰建筑常见的造型样式。印度伊斯兰陵墓的平面通常是方形或者是由
方形变形的多边形，轴对称，有的是四面对称。在建筑造型上，通常是正中为巨
大的穹顶，四角设计高塔、凉亭等，四面入口开大拱券，庄严肃穆，气势宏伟。

---

1 莫卧儿：突厥人的后裔攻入印度后建立的伊斯兰教封建王朝，全盛时期领土囊括整个印度次大陆。

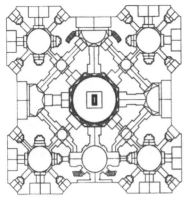

图1-43　胡马雍陵平面　　　　图1-44　胡马雍陵

后期的陵墓结合园林建造，在设计上尽力营造出《古兰经》[1]中天堂花园的意境。陵墓建筑是上层阶级的坟墓，建造不惜人力、物力、财力，精心雕刻，极尽奢华之能事，是炫耀家族势力、阶级地位的重要工具，陵墓的修建同时也体现了印度普通工匠的精湛工艺水平和设计能力。

胡马雍陵（图1-43、图1-44）是印度莫卧儿王朝建筑中的第一个杰作，由阿克巴[2]皇帝为他父亲建造，于1574年完成。胡马雍陵建造在长约90米的方形大平台上，平台周围是带围墙的大花园。陵墓正面中间开大尖券拱门，通向殿内，两侧为尖拱门通向侧厅，四面造型相仿。屋顶是伊斯兰建筑典型的白色葱形拱券。整个建筑使用红砂石和白色大理石建造。胡马雍陵是伊斯兰风格和印度建筑的结合，四个带有小亭子的形式源自于印度建筑。

印度莫卧儿王朝第五代皇帝沙贾汗为其爱妻泰姬·玛哈尔修建的泰姬陵是印度的瑰宝，被印度著名诗人泰戈尔誉为"永恒面颊上的一滴眼泪"。

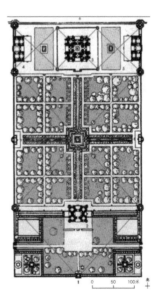

图1-45　泰姬·玛哈尔陵总平面

1 《古兰经》：伊斯兰教经典，是穆罕默德在23年传教过程中陆续宣布的"安拉启示"的汇集。
2 阿克巴：印度莫卧儿帝国第三代皇帝，著名政治家和宗教改革家。

图 1-46　泰姬·玛哈尔陵北门　　　　　　图 1-47　泰姬·玛哈尔陵陵堂

对建筑痴迷的沙贾汗在爱妻去世后，于 1632 年开始动工，历时 21 年，将欧洲、伊朗、中国和印度等艺术家的心血和百万工匠的汗水凝结成举世无双的泰姬陵。

泰姬·玛哈尔陵（图 1-45）受胡马雍陵布局启发，强调轴对称，陵园整体布局为长方形，南面为两个大小不同的庭院，前院有东、西、南三门，北门（图 1-46）通向主院。主院场地开阔，通过十字形水道分成四个花园，十字形中心为方形水池，每个花园再用十字形石砌道路划分成田字格，这种花园样式是伊斯兰园林的典范。

花园尽头处是陵墓的主体建筑——陵堂（图 1-47），陵堂位于方形平台中央，四角是四座高耸的圆形塔楼。主殿平面为方形切去四角所成的八角形，内部有五个室，正中心的主室通过走廊连接着四个小室。四个立面入口都是大拱门，窗户为雕刻精美的镂空窗，墙面雕刻着凹凸的纹样以及通过镶嵌工艺装饰着娟秀的花纹。整座泰姬·玛哈尔陵用白色大理石建造，其造型在陵墓的宏伟壮观中蕴含着一种女性的秀丽、优雅之美。

3. 宫殿城堡

城堡是印度莫卧儿王朝的主要建筑类型之一，一般选址于高地上，三面环山或者环河。城堡的主要建筑类型是宫殿，同时还包括皇室专用的清真寺等，甚至还有陵墓，是一种综合性的建筑群。

（1）法塔赫布尔·西克里城堡

法塔赫布尔·西克里（Fatehpur Sikri）是印度城堡中折中主义的典范，被公认为伊斯兰建筑和印度传统建筑融合的最佳代表（图 1-48、图 1-49）。这座城堡的建筑师和工匠来自印度古吉拉特邦、拉贾斯坦邦、孟加拉和旁遮普等地，融

1. 集市 2. 枢密殿 3. 勤政殿 4. 宫殿群 5. 行政殿 6. 乔德·巴伊宫 7. 布兰德门 8. 巴德萨尼门
9. 星斯五清真寺 10. 萨利姆·奇什蒂墓

图 1-48 法塔赫布尔·西克里总平面

图 1-49 法塔赫布尔·西克里

合了波斯、土耳其伊斯兰建筑和印度本土的印度教、耆那教和佛教建筑元素，设计构思奇妙，雄壮瑰丽，气势宏大。

这座红砂石城堡耸峙在低矮的山脊之上，三面为城墙环绕，周长约 11 公里，城墙上设有塔楼和七座城门，比阿格拉城堡更加雄伟。城堡中一座座红

图 1-50 法塔赫布尔·西克里枢密殿

砂石宫殿顺山势呈梯级状排列，勤政殿、枢密殿、乔德·巴伊宫、比尔巴尔府和五层宫等宫殿都采纳了印度传统建筑的构件，如拉贾斯坦式斜檐、列柱与托架。城堡东北部是皇帝接见臣民的枢密殿（图 1-50），是一座红砂石宫殿，位于回廊围绕的长方形露天庭院的南侧。殿内中央独立着一根粗大的托架柱头石柱，近似印度传统建筑的"灯柱"式样，柱头分叉凸出 36 个一簇的紧凑的螺旋形托架，状如多层钟乳石累累悬垂，承托着上方的圆形平台（图 1-51）。平台四周伸展出四座"石桥"通向殿内四角，与殿堂上部悬吊的顶层走廊连接。

1585 年，阿克巴为了出征，最终离开了法塔赫布尔·西克里，前往拉合尔。从战略上看，拉合尔的位置更佳。放弃法塔赫布尔·西克里，不仅是因为人们常常提到的缺水原因，更重要的是出于政治方面的考虑。

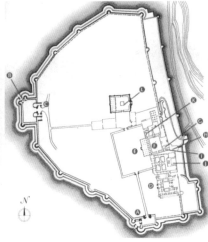

A 辛格门
B 德里门
C 大象门
D 贾汉吉尔宫
E 勤政殿
F 马丘里府
G 枢密殿
H 木萨马塔
I 虚什玛宫殿
J 哈斯玛哈尔宫
K 宝石清真寺
L 珍珠清真寺

图1-51　法塔赫布尔·西克里枢　图1-52　阿格拉城堡总平面
密殿石柱柱头

（2）阿格拉城堡

莫卧儿时代真正围绕着城墙而完整保存的城堡，最重要的应是阿格拉城堡(Agra Fort)和德里红堡了，二者都主要建成于沙贾汗时代。

阿格拉堡在泰姬·玛哈尔陵之西约1公里，是一座巨大的城堡，也是一座宫殿（图1-52）。高峻的城墙是沙贾汗的祖父阿克巴和父亲贾汉吉尔建造的，全部由红砂石砌成，沙贾汗继位后，又增建了一些殿宇，使阿格拉堡成为一座无比壮丽的皇家都城。雄伟的阿格拉古堡俯视着朱木拿河，红色砂岩建成的城墙绵延2.5公里（图1-53）。整个古堡大约有500座建筑，融合了传统的

图1-53　雄伟的阿格拉城堡宫墙

图1-54　八角亭阁

印度建筑风格和外来的伊斯兰建筑风格，庄严而华丽。

阿格拉堡北面是白色大理石的后宫，在后宫寝殿两旁的廊子里，可以远远看到泰姬·玛哈尔陵。后宫院靠近城堡边缘之处有一座八角亭阁（图1-54），原为皇后泰姬·玛哈尔所建，在此可眺望风景。沙贾汗后被囚禁于此，在这里遥望泰姬·玛哈尔陵，于凄迷的眺望中度过余生。城堡与泰姬·玛哈尔陵同在朱木拿河右侧，但河水在两组建筑之间正好转了一个凹弯，使得两座建筑遥遥而相望（图1-55）。

图1-55　遥望泰姬·玛哈尔陵

沙贾汗还建造了一座白色大理石私人大厅，也称枢密殿，被誉为"人间天堂"，全部由白

图1-56　室内大理石雕刻

色大理石建造，平面为方形，其中三个立面由拱门组成，一面雕刻方形窗户，室内大理石雕刻异常精美（图1-56）。宫内本来有一座非常名贵的宝座，黄金制成，镶嵌着钻石、蓝宝石和其他宝石，但现在，宝座早已消失，只有在宝座上方的墙顶上，仍然可以看到沙贾汗时代雕刻的波斯诗歌。

沙贾汗还改造了勤政殿：一座黄白相间、九开间、纵深三进的柱廊式的宏伟大殿（图1-57）。勤政殿相当于北京故宫的太和殿，是昔日国王亲理朝政之地，位于大殿中央的宝座代表了皇帝的权位。这座勤政殿中央的高

图1-57　阿格拉堡勤政殿

台上，原来矗立着莫卧儿帝王的宝座，如今只有空洞的殿堂和绘有花虫鸟兽的墙壁。枢密殿、勤政殿、哈斯玛哈尔宫和宝石清真寺等建筑的拱廊都由波纹状多弧轮廓的尖拱组成，极富装饰性。多弧轮廓的拱门和连拱廊，是沙贾汗时代的又一建筑特色。

（3）德里红堡

德里红堡（Red Fort）是 1639 年沙贾汗准备从阿格拉迁都德里时开始建造的，完成于 1648 年。红堡沿朱木拿河西岸建筑，其城墙由红砂石砌成，这是"红堡"得名的原因。双重红砂石城墙高达 18 米，南北长 488 米，东西宽 351 米，绵亘约 2 公里，占地 17 公顷，颇具规模（图 1-58）。相较而言，北京紫禁城占地面积达 73 公顷，德里红堡不到其四分之一。

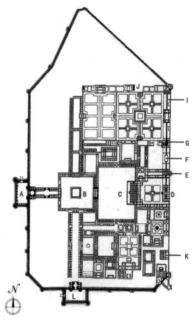

A 拉合尔门 B 鼓乐厅 C 勤政殿 D 彩宫 E 哈斯玛哈尔宫 F 枢密殿 G 皇家浴室 I 山塔 J 展览馆 K 后宫 L 德里门

图 1-58 红堡总平面

红堡正门在西，朝向老德里城区，称"拉合尔门"（图 1-59）。拉合尔门之墙高达 33 米，雄伟壮观，下开大拱门，上有串连的七座白色拱顶小亭组成空廊，廊两边耸出细高塔柱，同样覆以白色小拱顶。拉合尔门左右各夹持着一座平面呈八角形的体量，上面各有一座八角红色大亭，

图 1-59 红堡拉合尔门

图 1-60 红堡勤政殿

整体构图非常丰富。门内有很长的前导空间，现在作为市场，出售旅游工艺品。

　　进入二门，迎面为勤政殿（图1-60）。这是一座左、右、前（西）三面由40根波状连弧拱门围绕的石柱大殿（图1-61），单层平顶，由红砂石列柱和连拱组成，雕饰华丽。殿内正中高台上安置白色大理石雕刻的皇帝宝座，大理石表面镶嵌着华丽的彩色图案，极其精美（图1-62）。

　　勤政殿东北不远为枢密殿（图1-63），建于1642年，单层平顶，由白色大理石建造，长27.4米，宽20.4米。枢密殿正面和侧面都有五个波状连弧拱门，屋檐上四角各高高耸起一座印度式白色大理石凉亭。殿内由波纹状连弧拱门分做五个架间，形成层层弯曲的透视深度。门廊的大理石方柱的柱础、柱身和叶板上雕有绮丽的洛可可式凹凸花饰。所有列柱、拱门与殿内墙壁上，都装饰着碧玉、玛瑙、红玉髓等宝石镶嵌的玫瑰、百合、罂粟等花卉图案。枢密殿的拱门（图1-64）、列柱与墙壁上的彩石

图1-61　勤政殿石柱大殿

图1-62　勤政殿大理石宝座

图1-63　红堡枢密殿

镶嵌金碧辉煌，天花板曾包装雕花白银。在枢密殿南北两脚的拱门上铭刻着沙贾汗的波斯文双行诗："如果人间有一座天堂，它就是这座，它就是这座，它就是这座。"殿内中央的大理石台基上曾安置价值数千万卢比的孔雀宝座。枢密殿南边的后宫分为祈祷室、寝室和更衣室，雕栏玉砌，光洁如雪。后宫东侧的八角塔因宫内的彩绘得名，亦因墙壁和天花板嵌满小镜片而被称为镜宫，内为皇家浴室，长方形，同样由大理石列柱支撑的波状拱分成间架，地面有凹陷的大理石莲花圆池，加热的玫瑰香水流进浴池内。建筑的大理石表面常镶嵌以

图 1-64　枢密殿拱门

宝石，构成美丽的五彩缤纷的花卉图案，表面打磨平整光滑。这些精湛的技术，据说是由在莫卧儿宫廷工作的意大利工匠完成的。

到奥朗则布时期，莫卧儿王朝势力已大大衰竭，奥朗则布日夜害怕被他所迫害的异教徒报复，整日在德里红堡中深居简出，甚至不敢经过红堡的南门到德里大礼拜寺去，于是在红堡枢密殿近旁建造了私人的礼拜寺，即"莫迪清真寺"。

第四节　其他建筑类型

1. 阶梯井

阶梯井也被称做"阶梯池塘"，建于5—19世纪，主要功能是为人们提供饮用水，以及满足人们洗涤、沐浴的需求。

阶梯井常见于印度西部，特别是古吉拉特邦等半干旱地区，古吉拉特邦内即建有120座阶梯井。

阶梯井是由印度教教徒最先发明建造的，后来在伊斯兰的统治时期融入了许

多伊斯兰元素。

达达·哈里尔阶梯井位于艾哈迈达巴德（Ahmedabad）的东北角，和西侧的清真寺、达达·哈里尔陵共同构成了一组建筑群，由伊斯兰政权的王妃达达·哈里尔下令建造，其目的在于为游客和朝圣的人们提供阴凉和饮用水之地。

达达·哈里尔阶梯井于 1499 年建成，井深 20 米，共有两口井，最里面的圆形的井作为水井之用，前面的八角形的井底部为方形层叠而落的水池，似漏斗状，平时供人们洗涤、沐浴。这座阶梯井平面是 42 米 ×6 米的矩形，主体结构建在地下，一共五层（图 1-65），有着强烈的序列感，每层柱廊两壁都雕刻精美的壁龛（图 1-66），柱廊围合成的小空间就像一座小露台，安静、凉爽，适合人们来此纳凉休憩。

阿达拉杰阶梯井（图 1-67）位于艾哈迈达巴德北部 19 公里外的一座名叫阿达拉杰的村庄边缘，沿南北中轴线布置，由穆斯林国王马哈茂德·布尬达为期未婚妻拉尼·露培吧于 1499 年建造完成。和同一时期建造的达达·哈里尔阶梯井相同，建造阿达拉杰阶梯井的主要目的也是为游客、朝圣者和村民提供便利。这座阶梯井算是印度西北部同类型井中最大的一座，它的建造耗尽了当时村庄的人力、物力和财力，但换来了后代数百年来的用水方便和夏日的清

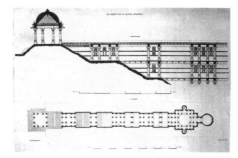

图 1-65　达达·哈里尔阶梯井平面、剖面

图 1-66　达达·哈里尔阶梯井壁龛

图 1-67　阿达拉杰阶梯井

凉，正所谓吃水不忘凿井人。

阿达拉杰阶梯井主体井深度达30米，总的长度达到80米。阶梯井的入口在南侧，沿中轴线首先到达一座方形漏斗状水池，中心是圆形，上方是四层八边形的柱廊，再向前走通过洋葱头状的拱券门便可以到达真正的圆形水井，一直往下走便可到达位于地下五层的井底（图1-68）。同达达·哈里尔阶梯井类似，这座阶梯井

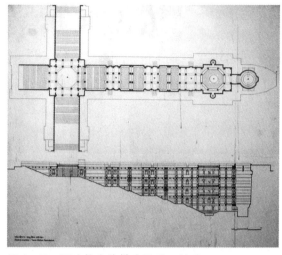

图1-68 阿达拉杰阶梯井平面、剖面

的地下构造同样很复杂，内部的装饰与雕刻也非常精美。此外，这座阶梯井在内壁的雕刻上还加入了当地生活中的一些场景，比如女性在日常搅拌牛奶、自我打扮的形象，还有女性在欢乐地起舞或者演奏乐器的场景，国王则在高处俯瞰着这些活动。这些雕刻使得该阶梯井贴近百姓日常生活，富有人情味。

2. 天文台

印度是世界文明古国之一，印度的天文学起源很早。由于农业生产的需要，印度很早就创立了自己的阴阳历，在历法计算和宇宙理论上独具特色。但不重视对天体的实际观测，因而忽视天文仪器的使用和制造，在一段很长的时期内仅有平板日晷和圭表等简单仪器。直到18世纪才由贾伊·辛

图1-69 日晷

格二世(Sawai Jai Singh)在德里（Delhi）、斋浦尔（Jaipur）等五地建立了天文台，斋浦尔天文台又名简塔·曼塔天文台（Jantar Mantar Observatory），建于1728—

1734年，是印度最重要、最全面、保存也最完好的古天文台，成为当时的星象家用来观测天象、预测天气变化的场所。现有16个天文观测仪，每个仪器担负一个天文测量任务，如太阳刻度盘、子午线仪、黄道带等，利用日照和投影，推算出当地时间和宇宙星体的位置。

这里最大的日晷（图1-69），高达75英尺，正面成27度角，也就是斋浦尔的纬度，其影子经过精确的标示以显示当地时间。这里的测量仪都用当地的石材和大理石建造而成，标示通常刻于大理石的内衬或者铜匾上，所有测量结果都非常准确。斋浦尔天文台的各种观测仪器目前依然能为天文学家所用（图1-70），许多器物至今还被用于研究占星学。

斋浦尔天文台重建于1901年，并且于1948年宣

图1-70 多种天文仪器

布成为印度的文物古迹，2010年被联合国教科文组织列入《世界文化遗产名录》。

小结

  印度古代建筑是古印度文明的重要组成部分，见证了古印度文明的辉煌。很多印度古代建筑都和宗教有关，佛教建筑发展的窣堵坡、石窟寺、佛教寺庙对周边国家都有很大的影响，我国的传统建筑也受到了中印文化交流的影响，虽然我国的佛塔、寺庙在后来都形成了自己的特色，但仍存在早期印度佛教建筑的影响痕迹。

  佛教建筑对印度现代建筑设计有一定的影响，窣堵坡的母题也经常出现在现代建筑的设计中，如博帕尔中央议会大厦的大圆顶就象征着窣堵坡。佛教中的"曼陀罗"成为印度传统建筑中出现频度极高的一个设计母题，斋浦尔艺术中心、印度国会大厦图书馆的平面都是按照曼陀罗图形展开的。印度国内信奉人数最多的印度教在印度传统文化中的影响最大，印度教神庙不仅成为印度历史上伟大的不朽建筑，而且对于现代印度人的生活来说也是不可或缺的。印度教神庙的神秘感和空间构成给建筑师带来灵感，印度本土建筑师拉杰·里瓦尔更对印度教神庙大加赞叹，并在设计中加以发挥。伊斯兰教给印度带来了不同的文化价值观，伊斯兰教的清真寺、宫殿和陵墓以一种和印度以往建筑不一样的形态出现，为印度的城市和建筑增添了一笔辉煌的色彩。

第二章　印度现代建筑初期

第一节　独立前的建筑实践

　　印度在殖民时期大量新建欧洲风格的殖民建筑。对于在印度的英国人来说，欧洲建筑是作为他们在印度大陆上区别于印度社会的一个可见存在，是欧洲社会的身份象征。英国人在城市中心新建大量的建筑，对印度传统建筑模式和构建方法造成了致命的打击。17世纪中叶，公共工程部（PED）的建立标志着中央集权和标准化的建筑系统形成了，它对印度历史上积累下来的建筑智慧并没有上心，只做出了很少的传承，这更加不利于印度传统建筑模式和技术的发展。1902年印度政府任命詹姆斯·兰森（James Ransome）为第一个建筑顾问，后来他在英国皇家建筑学会上关于在印度25年多的经历的演讲中说："在印度独创性超过了任何东西，我曾经被要求在加尔各答设计古典主义，在孟买设计哥特式，在马德拉斯设计撒拉逊风格，文艺复兴和英国的乡村住宅遍布印度大陆。"[1]可见英国的殖民建筑在印度大行其道，英国在印度维持着帝国主义的建筑观，直到20世纪二三十年代都没有受到挑战。

1. 雅各布和印度传统元素

　　19世纪最后十年里，英国充满着当时流行的建筑思潮，如哥特复兴、工艺美术运动等。受这些主义的影响，一些英国建筑师开始关注印度地区传统建筑。20世纪早期，斯文顿·雅各布（Swinton Jacob）对印度建筑产生一定影响。雅各布认为印度建筑使用元素和细节的组装和构成来服务于结构、

图 2-1　雅各布在书中列出的印度传统建筑上的基本要素

1 Rahul Mehrotra. Architecture in India since 1990[M].UK:Hatje Cantz, 2011.

意识形态和美学功能，因此对于他来说在逻辑上解读印度建筑，需要的步骤是把那些组成成分分类或者拆卸。在雅各布的赞助人——斋浦尔王公的赞助下，1890年雅各布出版了六卷书（图2-1），其中摘取了从12—17世纪的南印度建筑上提取的元素。雅各布的书不是按时间或者地区写的，而是根据建筑功能，石顶盖和基座为第一卷，拱为第二卷等等。在书的介绍中，雅各布强调他的实践是完全不带政治色彩的，完全去除了印度的地区起源，而将英国定义的南亚殖民地区建筑定义为"大印度"建筑，作为服务于创造殖民地区身份的象征。

2. 印度撒拉逊风格

英国钦佩莫卧儿王朝，因为它作为外来文化将印度从起源上成功进化演变成现在的综合体，结合了所征服的东南亚的资源和技术。对于英国来说，莫卧儿建筑表达了一定的"古典主义"的朴素。

欧洲人欣赏和理解复杂且具有丰富想象力的印度教建筑和艺术，因此，像莫卧儿王朝的都城法塔赫布尔·西克里（图2-2）这样的遗址成为在南亚地区工作的英国建筑师重要的灵感资源。莫卧儿建筑被认为结合了印度教和伊斯兰元素，受这些元素启发而建造的建筑称为"印度—撒拉逊风格"，即建筑骨架为欧洲风格，

图2-2 法塔赫布尔·西克里城

外部点缀印度风格的装饰。

雅各布六卷书的出版，在某种意义上，试图推动"印度—撒拉逊风格"这种独特的建筑形式作为皇家建筑的另面发展。撒拉逊风格的建筑包括洋葱圆顶、飞檐、尖拱和扇形拱、风亭、光塔[1]、后宫窗[2]等元素。"印度—撒拉逊风格"肤浅地尝试将欧洲建筑和当地建筑融为一体，尽管撒拉逊风格的建筑有一个印度的外表，但是它们并没有解决任何建筑都需要关注的空间概念和技术标准问题，这些建筑本质上仍然是欧洲或殖民建筑。最初"印度—撒拉逊风格"所用的装饰风格很多是从雅各布书中拆散出来的元素，因此促使了占重要地位的印度传统文化可以流行起来。建筑师代替了原来印度早期的手艺人传承印度传统文化，印度手工艺和传统建筑技术也在一系列赞助商支持下继续繁荣，银行和商业建筑成为印度—撒拉逊风格建筑的主要客户[3]。尽管印度—撒拉逊风格受到印度当地赞助商青睐，但是它的影响在20世纪20年代开始减弱。

3. 撒拉逊风格的突破和新德里规划

事实上，撒拉逊风格是政府强制控制的，这让它难以把建筑从政治学中分离，这个矛盾在1920年新德里城市规划中更为明显。在使用撒拉逊风格的政治压力下，规划新德里的建筑师勒琴斯通过将必要的西方古典主义和小心挑选的传统模式结合成超越过度简单的撒拉逊风格。在建筑上，勒琴斯比前人获得了更多成功，他发明了结合古典建筑语言的方式，实现了满足严酷气候条件和获得建筑政治象征意义的平衡。勒琴斯认为新德里作为印度的罗马，运用自己的语言和符号来控制现存的殖民意识形态才是一个合适的表达，因此，应通过从细节到如窣堵坡这种大的印度图案要素的叠加，来实现对印度的文化传达，总统府（图2-3）的设计就使用了窣堵坡的元素。勒琴斯谴责印度—撒拉逊风格中象征性的主题，他把象征性抽象成自己的建筑设计语言，这个方法论激发了很多在德里做相同类型工作的人和在其他殖民地工作的人。勒琴斯在新德里的规划和政府的建筑设计被人们所肯定，新德里后来也被称人们为"勒琴斯·德"。在与赫伯特·贝克（Sir Herbert Baker）合作之后，他为新德里设计了印度门（图2-4）

---

1 光塔：来源于清真寺，供祈祷时使用的附属建筑。
2 后宫窗：伊斯兰教徒女眷的居室所特有的窗户。
3 Rahul Mehrotra. Architecture in India since 1990[M].UK:Hatje Cantz, 2011.

等标志性建筑，他还设计了总督之家即现在的总统府和几个著名的建筑物。

新德里是一座典型的放射形城市，城市以姆拉斯广场为中心，街道成辐射状、蛛网式伸向四面八方。建筑群大多集中于市中心，主要政府机构集中在市区从总统府到印度门之间几公里的大道两旁。国会大厦呈大圆盘式，四周围以白色大理石高大圆柱，是典型中亚细亚式的建筑，但屋檐和柱头的雕饰又全部为印度风格。赫伯特·贝克在两幢秘书处大楼（图2-5）方案中将建筑群设计成中轴对称的，总统府和印度门刚好在中轴线上，中轴线两侧建筑完全相同，并加入了宽大的柱廊、开敞的游廊、大挑檐、镂空石屏风、高窄窗，这些元素都能够适应印度气候，承接微风且避免眩光。秘书处的风亭（图2-6）也具有典型的印度特色，法塔赫布尔·西克里城出现过的元素[1]。秘书处的存在不仅增

图2-3 总统府

图2-4 印度门

图2-5 秘书处大楼

加了印度特色，还打破了单调的水平线，其风亭和建筑中部的圆形穹顶形状类似。在细部处理上，赫伯特·贝克引进了一些印度特色的雕刻，内容一般是自然

---

1 邹德侬，戴路.印度现代建筑[M].郑州：河南科学技术出版社，2002.

界的动物或者植物，
其中大象（图 2-7）
出现的频率很高。这
些细节的处理受莫卧
儿时期建筑的影响较
大。穆斯林信奉世间
唯一的真主"安拉"，
认为真主本身是无相
无形的，而人像是人
类自己创作出来的形
象，并不值得它的创

图 2-6　秘书处的风亭　　　　图 2-7　细部的印度元素

造者崇拜，所以伊斯兰建筑在雕刻创作上一般有别于印度教以及其他宗教建筑，
从不雕刻人物形象。

第二节　印度现代建筑开端

　　印度现代建筑的开端在印度建筑界被认为是脱离英国殖民统治、印巴分治
的 1947 年，而其标志为 1951 年昌迪加尔（Chandigarh）新城的建设，本地治
里（Pondicherry）的戈尔孔德住宅（又名印度教高僧住宅，Golconde Residential
Building）被认为是印度的第一座现代建筑[1]。

1. 印度的现代主义建筑社会背景

　　印度独立后两位最具影响力的领导人——圣雄甘地和尼赫鲁的政治主张对印
度的各个领域都有很广泛的影响。甘地热衷于复兴农村，但同时他也承认工业化
的重要性，他希望城市和农村形成一种非剥削的关系。尼赫鲁在英国受过教育，
强烈主张发展工业化和现代化，向往西方现代化的他于 1951 年建设现代化新首
府昌迪加尔中在全国范围内发起设计竞赛。印度独立后的第一个五年计划期间，
印度像所有刚刚新生的国家一样百废待兴，当时的印度一个重要的急于解决的问
题就是工业用房和民用住房紧缺。为了尽快恢复国民经济，满足人民的基本生活

---

1 Rahul Mehrotra. Architecture in India since 1990[M].UK:Hatje Cantz, 2011.

需要，政府把工作的中心放在了基础工业和重工业的发展上，提倡工业化和现代化。20 世纪中叶在建筑界占主导地位的现代主义建筑思潮所提倡的大胆创造工业化社会的思想刚好和印度当时的国情相契合。第二次世界大战前发展起来的高层建筑是在印度独立之后传到印度的，高层建筑象征着城市化的极速发展，这种象征意义对于第三世界来说有特殊吸引力，所以无论造价多高昂，技术问题多复杂，文化上多不契合，高层建筑依然被看做文明发展的象征。

由于现代技术的发展，空调系统的运用，人们自然地认为可以克服印度当地特有的气候条件，更乐观的想法认为现代化和工业化可以解决印度的所有问题。他们把现代建筑的原则当成了万能的教条，设计出来的建筑也是千篇一律的方盒子。

2. 现代主义建筑实例

摆脱了历史和文化束缚，按照合理设计方法建造的现代主义建筑在印度独立初期有着不俗的表现，自由立面、自由平面、横向长窗等等现代主义元素和方法在印度渐渐出现和使用。美国建筑师安东尼·雷蒙（Antonin Raymond）设计的本地治里的戈尔孔德住宅（图 2-8）和后来的新德里 T.B. 联合大楼标志着印度建筑进入新时代。戈尔孔德住宅是一栋混凝土住宅，于 1936 年设计，1948 年建成 [1]，使用了可移动的柚木板（图 2-9），起到了很好的通风隔热效果，同时也保护了室内的隐私。

图 2-8　戈尔孔德住宅

图 2-9　戈尔孔德住宅柚木板

印度建筑师哈比伯·拉曼（Habib Rahman）设计的加尔各答

---

1 Rahul Mehrotra. Architecture in India since 1990[M].UK:Hatje Cantz, 2011.

新秘书处大楼（图 2-10）是印度高层建筑的里程碑。印度独立之后，开始建立很多新区，而新区的行政建筑对大空间有很大的需求，新秘书处的设计要求是在离老的秘书处 1 000 米的一块 4 000 平方米的范围内最大限度地利用土地。新秘书处 2 个 14 层的大楼

图 2-10　加尔各答新秘书处大楼

呈"L"形布局，使用的是 6.6 米 ×6.6 米的柱网，建筑基础是钢筋混凝土框架结构，建筑内使用了遮阳板、电梯和消防系统等现代设施[1]。这座建筑后来成为西孟加拉的标志，并且保持印度现代建筑最高纪录长达 10 年之久。另一个新思想的代言人阿克亚特·坎文德（Achyut Kanvinde）带来了功能主义哲学和国际风格手法，设计了艾哈迈达巴德大楼（ATIRA）。杜尔戈·巴吉帕伊（Durga Bajpai）和皮鲁·莫迪（Piloo Mody）在新德里设计了使用预制混凝土梁板、遮阳板以及阳台栏板等结构的国际风的欧贝罗伊饭店。

　　1951 年昌迪加尔的建设中，柯布西耶为印度的现代建筑树立了一个光辉的典范，昌迪加尔建筑群不仅具有鲜明的现代特征，也使用了处理原始材料的新方法。之后西方的建筑师们陆陆续续来到印度，柯布西耶和路易斯·康等建筑大师在印度大地上设计出了优秀的建筑作品，他们的思想也深深地影响着在印度这片大地上创作的国外和本土的建筑师们。

---

1 邹德侬，戴路.印度现代建筑[M].郑州：河南科学技术出版社，2002.

第三节　复古主义

1. 复古主义社会背景

20世纪30年代，已经开始有实质性的转变，民族运动和现代主义的到来，让印度的民族自尊心增强，而在建筑上表现民族自尊感就变得尤为重要。具有明显印度特色的建筑被认为可以表达印度人的自我价值，所以复古主义的建筑被当时的政治所认可。印度独立初期建筑思潮多样化，在现代主义的大趋势下，还有复兴传统的小趋势，这是独立前的印度—撒拉逊风格的延续。其侧重点在于表现能够体现印度的形式，加入印度元素如穹顶、凉亭等，可以称这种建筑为"折中主义"建筑。在现代主义的大趋势下，复古主义学派从伊斯兰建筑中汲取灵感，借取了它们的特色形式加在现代建筑平面和空间上，嫁接出印度和西方合璧的建筑。

图2-11　圆顶穹隆(泰姬·玛哈尔陵)

能够体现印度特色的建筑在当时首要可以考虑的就是年代最近的莫卧儿时期伊斯兰风格建筑。伊斯兰建筑是印度建筑文化和波斯文化相结合的产物，多用尖拱券、圆顶穹隆（图2-11）、拱门（图2-12）、风亭（图2-13）等元素，材料多用红砂石和大理石，装饰纹样多用植物、几何和文字图案，而装饰形式可分为雕刻式、镂空式以及平面式的，镂空式雕刻在古代被称为"迦利"（图2-14），可做窗户、屏风、栏杆和装饰等，体现了印度建筑精湛的雕刻工艺。

图2-12　拱门（胡马雍陵）

图 2-13　风亭（红堡）　　图 2-14　迦利（胡马雍陵）　　图 2-15　阿育王饭店入口

2. 建筑实例

复古主义的典型代表是多科特（B.E.Doctor）1955 年设计的新德里阿育王饭店（Ashoka Hotel），其进一步发展了新德里政府群的混合风格。阿育王饭店是一个多层建筑，运用了伊斯兰建筑的很多元素，比如入口（图 2-15）平面设计成"凸"字形，底层架空，从正面和两个侧面拱券都可进入，正面的拱券做成 10 多米高的造型，用镂空石屏风做装饰，拱券顶部为莫卧儿典型的凉亭样式，在建筑的四角都设计有小凉亭（图 2-16~ 图 2-18）。建筑较多地使用镂空的"迦利"做窗户和细部装饰，增加了建筑的印度特色，部分窗户设计成尖券形，部分为方形，窗户上下都加上装饰条。在色彩上，阿育王饭店模仿印度陵墓使用红砂石的色系，建筑上下边线和窗户上下边线用浅色，建筑主色为米色。

由中央公共工程部建筑师设计的高等法院大楼（The Supreme Court Building，1954—1958）是新德里国会办公楼的延续。新德里的韦戈亚中心（Vigyan Bhavan）也属于独立后复古主义的建筑，方形体块平易朴实，入口上部是绿色的大理石构成的佛教建筑特有的拱券，十分显眼，代表了印度特色。

由于受印度分离性文化价值观的影响，印度人很容易就接受了西方现代建筑的思想，甚至过分沉迷于现代建筑而忽略了自身文化传统中的价值。复古主义的存在多多少少在提醒着本土文化传统的存在，但是这一时期的复古主义没有摆脱印度—撒拉逊风格，还只是继承了印度传统建筑显而易见的表面形式，而未关注文化内核，这样的继承只是穿了一层原始的外衣而已。

图 2-16 阿育王饭店

图 2-17 阿育王饭店局部

图 2-18 阿育王饭店侧入口

小结

独立后的印度通过建筑来表现新政府爆发的自信心和象征的政权力量，而且这种象征的反映在建筑上是即刻的。现代主义被认为是表达新民族主义的方法，它不受历史和文化的阻碍，反映了像世界其他地方乐观自由的人们一样对于经济发展的渴望。印度现代主义的第一个阶段即被称为尼赫鲁执政期的阶段（1947—1975），在印度独立初期的20世纪40年代，尼赫鲁等一代人清楚地认识到现代主义可以作为合适的工具代表印度未来的现代化和工业化。在现代化和工业化的大背景下印度现代建筑有了很好的发展；同时民族意识和自我价值的觉醒，使得印度不仅在政治上更在建筑上需要本土特色，在复古主义的影响下一批具有印度特色的建筑产生了。20世纪中叶的建筑界不同学派、不同思想并存，为建筑的发展埋下了差异的种子。

在经过了独立运动后，印度迎来了西方现代主义建筑，这又是一次文化的撞击，给印度带来了不一样的建筑。印度独立的1947年也被认为是印度现代建筑的开端，为印度建筑翻开了新的篇章。

第三章　西方现代建筑大师实践期

第一节　劳里·贝克

第二节　勒·柯布西耶

第三节　路易斯·康

第四节　其他建筑师的实践

印度现代建筑的发展受西方现代建筑师影响很大，可以说印度早期的现代建筑都是外国建筑师带来的。除了早期的安东尼·雷蒙这样的建筑师之外，在20世纪五六十年代，西方的建筑大师勒·柯布西耶、路易斯·康、劳里·贝克等建筑大师在印度大地上设计了杰出的建筑，柯布西耶的主要作品是昌迪加尔首府规划及单体设计。昌迪加尔高等法院简洁的外形、撑起的拱廊顶棚形成良好的通风和视觉上的通透，遮阳板达到了遮阳和美观的双重效果；议会大厦牛角形的门廊优美的曲线和具有特色的顶部，让其成为柯布西耶的代表作之一。柯布西耶虽然是现代建筑的领军人物，但其在印度的建筑作品从印度传统建筑中汲取灵感，并和现代建筑融会贯通，成为印度现代建筑的标志。相比于柯布西耶的混凝土建筑，路易斯·康更偏爱于砖，他将砖提升到现代建筑语汇的高度，在追求秩序的过程中，创造出印度管理学院宁静而近乎神圣的校园，红砖墙上大开圆形、方形洞口，有利于通风并将光影融入建筑，营造出深邃的空间，形成静谧而光明的氛围。虽然路易斯·康在印度的作品数量并没有勒·柯布西耶多，但印度管理学院这个他最后的作品在印度现代建筑史上具有非常重要的意义，其对于精神世界追求的态度影响了很多印度本土建筑师，红砖材料的选择也经常出现在其他建筑师的作品中。劳里·贝克是植根于印度的伟大建筑师，他的大部分建筑都在印度大陆上，他对符合印度实际的低技术、低造价以及对环境和人文的关怀进行了研究，可以说他的整个建筑设计生涯都在为印度建筑做贡献，最后他加入了印度国籍。还有一些外国的建筑师如约瑟夫·艾伦·斯坦因、爱德华·斯通等都在20世纪五六十年代的印度进行了创作，因处于印度现代建筑的开端时期，西方建筑大师的建筑实践有一些实践性的意味，探索在印度这片古老土地上现代建筑生根的方法，因此将这个阶段称为"西方现代建筑大师的实践期"。

第一节 劳里·贝克

1. 生平简介

劳里·贝克（Laurie Baker，1917—2007，图3-1），1917年3月2日出生在英国的印度建筑师，以设计低成本建筑、独特空间高利用率和富有美感的建筑闻名。受圣雄甘地的影响，贝克致力于用当地材料设计简单建筑和可持续发展的有机建筑。

贝克于 1937 年取得伯明翰大学建筑系学位，1938 年成为英国皇家建筑师学会（RIBA）成员，但他并没有正式开始建筑设计生涯。第二次世界大战爆发后，贝克从英国皇家建筑师学会辞职后，作为一名"国际友谊救助组织"的志愿者奔赴中国和缅甸。1943 年，贝克因为受伤而坐船返程英国，在孟买港口的时候碰巧遇到甘地[1]，甘地认为："在印度，真正的工作就是为穷人工作，把他们从贫困生活的磨难中解脱出来。"[2]

图 3-1 劳里·贝克

回到英国几个月后，贝克加入了一个处理麻风病的世界组织，并于 1945 年返回印度，为该组织建造医院和住宅。因为工作的原因，贝克在印度农村亲眼目睹了当地印度人的贫困生活，对此深表同情，看着千万人过着勉强糊口的生活，他越来越厌恶铺张浪费和豪华奢侈。与此同时，贝克也受到当地传统建筑形式和技术的影响，在印度的 60 年里，他先是在喜马拉雅山区生活了 16 年（1948—1963），并从这里开始进行真正的建筑实践活动。刚到印度时，面对陌生的环境、恶劣的自然环境和欠发达的经济条件，贝克曾感到过迷茫，因为在这里西方的建筑理论和经验都失去了作用，他说："我面临着从未听说过的建筑材料，如泥巴、红土、牛粪……作为一名英国皇家建筑师学会的会员，我带来了参考书和结构手册，然而到了这里，所有资料都变得像一本本儿童漫画一样好笑。"[3]后来他和当地人一起生活，通过观察当地人的建造方法来学习当地的技术，当地人也在他的帮助下完成了很多类型多样的建筑，如住宅、教堂、医院和学校等。他不停学习和实践，贝克曾说："喜马拉雅山区的建筑是印度本土建筑很好的例子，简单、高效、廉价……这些住宅代表了数百年来建筑师如何处理当地材料，如何应对当地严酷气候以及如何适应当地生活方式。"1963 年，贝克离开喜马拉雅山的皮特拉加尔，来到印度南部的喀拉拉邦。1970 年，他将医疗工作交给朋友后，在喀拉拉邦（Kerala）首府特里凡得琅（Triruvananthapuram）定居。在那里他建造了很多建筑，仅特里凡得琅地区就设

---

1 Laurie Baker [DB/OL]. (2014).http://en.wikipedia.org/wiki/Laurie_Baker.

2，3 Gautam Bhatia.Baker in Kerala[J].Architectural Review, 1987（08）:72-73.

计建造了 1 000 多座住宅以及 40 座教堂、众多的学校和医院。他从环境中汲取养分，将其融入设计中，设计出植根于印度南部本土的住宅和公共建筑。

1989 年，贝克加入印度国籍，1990 年被授予"莲花士"，这是印度政府公民奖之一，是印度政府颁发的最高荣誉奖，授予在各领域为国家服务的杰出人物。除此之外，贝克 1992 年被授予"联合国环境奖"和"联合国荣誉奖"，1993 年被授予改善人类居住环境的"罗伯特·马修奖"，2006 年获得普利兹克建筑奖的提名[1]。

2. 创作思想的影响因素

劳里·贝克的建筑思维理念的形成和他早年在英格兰的经历以及后来在印度喜马拉雅山区的经历有密切联系。贝克一生始终遵循着"节约、简朴"的观念，在建筑上也始终追求住宅的经济性、低成本。其创作思想的影响因素包括以下几方面。

1）贵格会的影响

贝克生于基督徒家庭，受家庭影响，贝克与贵格会信徒紧密联系，并参加贵格会各种活动。贵格会又称教友派或者公谊会，是基督教新教的一个派别。该派于 17 世纪由乔治·福克斯成立，因一名早期领袖的号诫"听到上帝的话而发抖"而得名 Quaker，中文意译为"震颤者"，音译贵格会。贵格会反对任何形式的战争和暴力，不尊敬任何人也不要求别人尊敬自己，不起誓，主张任何人之间要像兄弟一样，主张和平主义和宗教自由[2]。贝克从小受贵格会平等、和平的主张影响，在这样的影响下才会在第二次世界大战时期参加"国际友谊救助组织"，并且后来留在经济不发达、物资匮乏的印度，为当地人的建设事业发挥作用。

2）圣雄甘地的影响

1994 年，和圣雄甘地的相遇可以说是贝克人生的转折点。作为印度民族独立的领袖，甘地深切的关怀印度最普通的人民，他知道作为一个不发达国家的最底层的穷人，需要的不是奢侈宏伟的现代公共建筑，而是最能体现人文关怀的穷人的住宅。他对贝克说："在孟买所看到的一切都不能代表真正的印度，印度的灵魂在农村，在那里你可以施展才华。"[3] 甘地告诉贝克对于印度来说农村的建筑现

---

1 Laurie Baker [DB/OL]. (2014). http://en.wikipedia.org/wiki/Laurie_Baker.

2 贵格会 [DB/OL]. (2013). http://baike.so.com/doc/5730405.html.

3 Saibal Chatterjee.Building On A Dream[J].Outlook, 1997, 5 (03).

状比城市更需要思考，不要用在孟买看到的来评价印度，印度的灵魂应该在农村。建造房子所需要的材料要尽可能在方圆 5 英里之内找到，这样就能减少运费，减少成本。甘地的话深深地感染了贝克，对他今后生活和创作有很大影响。

贝克也非常欣赏和赞同甘地的"非暴力不合作"的主张，甘地的平实质朴和坦率吸引了他。贝克曾说："我认为甘地是我们国家唯一用常识来谈论国家建筑需要的领导人，很多年前他所说的对现在来说更贴切。其中给我留下深刻印象并影响我思想的是一个理想村庄中的理想房屋，这个房屋应该使用能在建筑场地方圆 5 英里范围内找到的材料建造起来的。我承认，作为一名在西方出生成长、接受教育的年轻建筑师，起先，我觉得甘地的思想有些不可思议，遥不可及，并曾说服自己不可能过分地遵循这一理想。但是现在，在我 70 岁有着 40 年建筑经验时，我认为甘地每一个字句都是正确的。"[1]

3）印度文化和环境的影响

贝克在印度 60 多年，深深植根于印度文化，在印度文化和乡土建筑中汲取养分进行创作。印度有着丰富的乡土建筑实践，然而这些传统实践往往不被重视。贝克从本土建筑中获得灵感源泉，他曾提到他在旅行中注意到，印度乡村建筑所用的材料并不取决于建筑类型，而是取决于当地气候并取自于当地材料。他向普通人学习，用大量时间观察普通人的自宅，看到他们用泥、竹子、牛粪等等甚至都不能算建筑材料的物质来建造房屋，这些房屋在贝克看来很廉价简单，但也很漂亮。

3. 对环境和人文的关怀

建筑和环境气候有着密切联系，正是因为全球各地多样性的气候，才有各地多样性的建筑类型。在现代主义建筑出现之前，建筑类型都是和当地气候和本土文化相适应的，建筑在本质上是人类适应自然气候条件的产物。肯尼斯·弗兰姆普敦曾经说过："在深层结构层次上，气候条件决定了文化和其表达方式、习俗、礼仪，在本源上，气候乃是神话之源泉。"[2]在一定层次上，气候决定了建筑的某些基本方面，比如建筑材料、结构方式、屋顶形式、墙体为何以及门窗形式等。

---

1 Bhatia Gautam. Laurie Baker Life, Working & Writings[M].New Delhi: Viking, 1991.
2 肯尼斯·弗兰姆普敦.查尔斯·柯里亚作品评述[J].饶小军，译.世界建筑导报，1995（01）：9.

贝克进行建筑实践的地方在印度南部的特里凡得琅。特里凡得琅是印度西南部喀拉拉邦的首府，在马拉巴尔海岸的南部，北距科钦 220 公里。这里气候炎热、潮湿，年降水量平均为 2 400 毫米，总面积的 1/3 为森林。这种气候下"炎热"和"潮湿"成为建筑主要要解决的问题。贝克从印度传统建筑中汲取养分，对建筑做出理性回应，他认为学习当地传统和现代主义原则并不是背道而驰的，他反对对环境漠不关心、不做出回应的建筑师，在他看来建筑师设计 500 座建筑却每一座都一样是难以想象的。

砖格窗

贝克非常钟情于手工制砖，他深入学习了当地传统的建造工艺，并尝试了多种砌筑方法，试图找出最经济的一种。他发展了当地穿孔式砖格的做法，在建筑中大量使用穿孔砖格（图 3-2）取代玻璃窗。这种做法不仅大大降低了造价，而且有利于室内外通风，并减少当地强烈的日照，十分适合喀拉拉地区潮湿、炎热的气候。与此同时，不同砌筑手法形成了不同的图案组合，在空间上塑造了强烈的光影效果。光在这里成为建筑材料，使贝克的一座座建筑物犹如精美的艺术品，令人流连忘返[1]，这也几乎成了贝克作品的一个标志。贝克的砖格做法源于古代迦利（图 3-3，Jali-Perforated Stone-screen），迦利是印度传统建筑中一种镂刻墙体或屏风的统称，其最初的形成就是对阳光强烈、天气炎热的气候的回应。迦利在

图 3-2　砖格窗光影效果　　图 3-3　斋浦尔博物馆的迦利

1　彭雷. 大地之子——英裔印度建筑师劳里·贝克及其作品述评 [J]. 国外建筑与建筑师，2004（01）:71-74.

古代只是作为采光和通风的格构窗，一般多以石材雕刻而成。贝克将迦利发展演变，放大了比例，不仅仅将它应用在窗上，还将它应用在墙面上。原本石材的雕刻与喀拉拉地区的砖工艺结合，演变成用砖砌筑成的"迦利"。

印度纬度在10°和30°之间，这意味着夏季时间长，内陆相当一部分地区天气炎热。现代主义的建筑平屋顶在印度难以解决诸如排水、室内闷热的问题，因此贝克的建筑大多采用坡屋顶，在旱季阳光曝晒的时候，坡屋顶比平屋顶受晒面积小，比平屋顶的太阳入射角大，所以坡屋顶隔热效果比平屋顶好。除此之外坡屋顶更容易做成挑檐，宽大的挑檐（图3-4）能够形成深深的阴影而减少曝晒。坡屋顶的高跨比在1/6~1/4，相比平屋顶的小于1/10，在雨季更有利于排水。坡屋顶是印度炎热潮湿气候最真实的写照。除了坡屋顶，贝克在他的建筑屋顶上还会做出三角形的"风斗"。当室内的热空气上升时热空气能够通过屋顶的风斗排出，除此之外风斗还有采光的功能。

图3-4 宽厚的挑檐

在印度南部原生态的自然环境中建造房屋，和环境紧密结合成为贝克不得不思考的一个问题。贝克在设计中，注重和周围环境的融合，处理人、建筑和自然三者之间的关系，在创造舒适的室内环境的同时又保护周围的自然环境。贝克建筑实践的地方是喀拉拉邦，而"喀拉拉"本身的含义就是"椰子之乡"，椰子树是当地常见的景观树，同时也是当地的经济来源。贝克的建筑高度没有超过椰子树的，椰子树成为天然的高度控制线，这也符合喀拉拉邦的传统。如果在岩石多的地带建造建筑，贝克就直接用岩石雕刻台阶。

贝克在做设计的时候时时刻刻为他的客户着想，一开始他的客户是乡村的穷人，随着他的名声渐大，客户范围扩大至国家政府，但是他并没有区别对待。不管他的业主是渔民，是部落，是经济弱势人群，还是高收入人士，他都关注于他们的个性和生活习惯。如在设计里拉·梅隆住宅（House for Leela Menon，图 3-5）时，业主是一个寡妇，她和久病不起的老母亲居住在一起，业主希望房子能与一对夫妇一起使用，而这对夫妇居住的地方必须是独立的，但不能分离，当业主出门拜访和旅游时，这对夫妇可以照料她的母亲。贝克设置的起居室毗邻厨房和餐厅，卧室是分开的但在可听范围内。再如在设计渔人家园时，贝克保留了渔人传统的生活习惯，但提高了卫生标准，每个房屋中间设置了一块矩形的私人场地，供渔人晒网和孩子们玩耍[1]。

1门厅 2客厅 3厨房 4餐厅
5卧室 6卫生间 7车库 8起居室

图 3-5　里拉·梅隆住宅平面

作为一名在西方成长并接受教育的非本土建筑师，贝克能够在印度 60 多年，面对陌生的环境和不发达的经济条件，对环境做出理性回应，在建造的同时对环境做到保护和利用，创造出和环境相和谐的建筑。贝克作为一名建筑师为穷人和中产阶级服务，体现了崇高的职业道德和强烈的社会责任感。

4. 对低造价、低技术的追求

"经常听到人们形容建筑为'现代的'或者'老式的'。所谓的现代建筑不是时尚而是愚蠢的，因为它昂贵，而且并不考虑当地可见的便宜的材料，或者当地气候环境和用户的实际需求。所谓的老式建筑证明，建筑材料的选择是重要的，因为老式建筑的材料便宜，而且除非其本身短缺，不然不会用尽。这样的材料还可以有效应对像强烈阳光、暴雨、强风和高湿度等多种天气条件。"[2]贝克建造建筑时经常使用廉价并且适合当地气候的材料，这些材料不仅廉价易得而且建造过程不需要高技术，只需要足够的人力就能建造。在印度这样一个经济、技术都匮乏的国家，贝克强调用最少的资金建造最好的房子，他在《降低造价手册》（How to Reduce Building Costs）中全面阐述了在建造技术和建造手段上如何减少不必要

---

1 翟芳．劳里·贝克乡村创作思想及作品研究［D］．西安：西安建筑科技大学，2009.
2 Laurie Baker.Houses-How to Reduce Building Costs[M].India:Centre of Science and Technology for Rural Development（COSTFORD），1986.

的浪费，使建造费用降低为原来 1/2 或 1/3。

贝克认为，相比墙体的强度和坚固程度泥瓦匠更关心墙体的外观，墙体一般的做法是把平整的大石砌筑在外面，墙里面填筑碎片。而降低造价的方法是用大石头交错重叠放置（图 3-6）。

对于家居，贝克认为建造完房子后主人可能没有钱买家居用品，所以可以用砖石砌筑成家具（图 3-7）。

贝克建议砌筑空斗砖的墙体，相比普通的砌筑方法，空斗砖墙不仅能够节省 25% 的砖石，还可以起到隔热功能，这样的墙体强度并没有减弱（图 3-8）。

水泥抹面比较昂贵，占建筑物成本的 10%，而且还需要维护，贝克建议墙面不要使用抹灰，这样也可以省去维修费用（图 3-9）。

对于窗的开启，普通的做法是非常昂贵的，最简单的窗口是由一个垂直的木

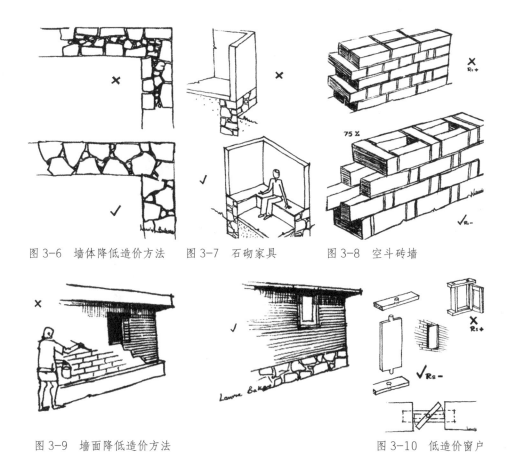

图 3-6　墙体降低造价方法　　图 3-7　石砌家具　　图 3-8　空斗砖墙

图 3-9　墙面降低造价方法　　　　　　　　　图 3-10　低造价窗户

板向下插入两个孔洞，以窗扇的中心为轴线转动窗户。这种做法简单、坚固并安全，而且省去了铁件的费用（图3-10）。

用钢筋混凝土来跨越开口成本比较大，相比之下，最便宜的做法就是叠涩拱。每一排砖突出下砖2.25英寸，如此叠涩下去直至在中间会合。这种做法不用模板就能完成，而且叠涩还能做很多造型，相比钢筋混凝土形式活泼[1]（图3-11）。

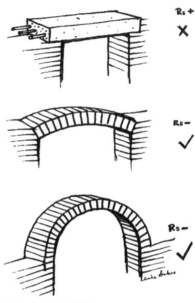

图3-11　叠涩拱

贝克的低成本住宅受到了普通人的广泛欢迎，因为他能够用最少的资金实现他们的建房愿望。1984年，劳里·贝克和印度前总理梅农（C.Achutha Menon）、经济学家拉杰（K.N.Raj）和钱德达特（T.R.Chandradutt）一起成立"乡村发展科技中心"（COSTFORD-Centre for Science & Technology for Rural Development），向印度人提供廉价的房屋。该中心提倡贝克的建筑语汇，如用空斗墙、不粉饰墙体等，提倡保护环境资源，使用节能材料，尽量减少高能耗材料的使用。贝克用几十年时间摸索低成本的建筑，学习当地传统经验和手工艺技术，善于利用易得的材料，变废为宝，减少建筑上的浪费，贯彻了他一贯的简朴和真实的原则。

5. 建筑实例分析

1）印度咖啡屋（India Coffee House，图3-12）

贝克在特里凡得琅巴士站外建造的一个

图3-12　印度咖啡屋

---

1 Laurie Baker.Houses-How to Reduce Building Costs[M].India:Centre ofScience and Technology for Rural Development（COSTFORD），1986.

廉价咖啡屋，充分彰显出他是建筑想象力最自由的建筑师之一。印度咖啡屋这座建筑呈螺旋形，就餐区是一个能上升到两层楼的曲线形坡道，其中间形成了一个包含备餐和商店的服务性功能的区域，整个外墙都是用砖砌成的砖格窗。贝克喜欢用砖格窗，因为砖格窗不仅是天然的装饰，而且适应喀拉拉邦炎热的气候，带动空气流动。这个建筑通过弯曲的墙面使其在明媚的阳光下更突显肌理。室内内置式的砌筑桌椅做法正是他在《降低造价手册》中提到的，砌筑桌椅为业主降低了造价。印度强烈的阳光透过砖格窗射入，使室内呈现出一种安静祥和的氛围，让置身其中与朋友聊天、喝咖啡成为一件非常享受的事情。

2）喀拉拉发展研究中心（Centre for Development Studies，图3-13）

喀拉拉邦发展研究中心是贝克的代表作。建筑坐落在一座小山上，用地面积约9英亩（1英亩≈0.4公顷），包括行政办公室、图书馆、计算机中心、多功能厅、教室、宿舍和其他一些功能房间（图3-14）。这个地块内，图书馆占统领全局的地位，周围围绕着教室和行政楼，中心区外是多功能厅和计算机楼。喀拉拉发展研究中心的建筑均运用了砖格墙，将强烈的阳光和急风转化成适合人体舒适度的柔和光线与清风，光影的处理给这个地方蒙上了一丝神秘的色彩。

计算机楼需要严格控制温度、光线和风速，但是因为其处在显眼处，所以在风格上需要与附近的建筑形成统一。贝克采用了"双屋墙壁"的做法，外墙采用整体风格上的砖格墙，而内层则用普通的墙体，满足温度和风速两方面的要求[1]。

图3-13 喀拉拉发展研究中心

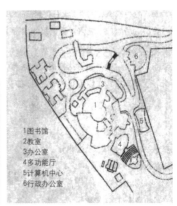

1 图书馆
2 教室
3 办公室
4 多功能厅
5 计算机中心
6 行政办公室

图3-14 喀拉拉发展研究中心平面

1 翟芳.劳里·贝克乡村创作思想及作品研究［D］.西安：西安建筑科技大学，2009.

图 3-15　罗耀拉教堂　　　图 3-16　罗耀拉教堂中心庭院

3）罗耀拉教堂（Loyola Chapel，图 3-15）

罗耀拉教堂坐落在特里凡得琅市郊的罗耀拉学校里，教堂是校园的一部分。这是一个私人的耶稣会男校，劳里·贝克参与设计了其中的一些项目，如宿舍、教室、运动场的储藏室以及集体聚会场所等。教堂的容量被要求达到 1 000 人。贝克将低技术方面的经验应用到这个建筑的试验上，他选用经济的承重墙和木结构屋顶，并使用交叉支撑墙壁解决热带气候的通风问题，同时利用砖格墙将阳光转化成一种神秘的光影氛围。教堂的中心庭院（图 3-16）形成了建筑的中心，庭院里的拱形廊连接了卧室和厨房。西面门廊的特征是用传统的木柱为入口，入口处有一个可以休闲和观看演出的平台[1]。

第二节　勒·柯布西耶

1. 生平简介

法国建筑师勒·柯布西耶（Le Corbusier，1887 年 10 月 6 日—1965 年 8 月 27 日，图 3-17）是 20 世纪最重要的建筑师之一，是现代建筑运动的激进分子和主将，他被称为"现代建筑的旗手"。他和格罗皮乌斯、密斯·凡·德·罗并称为现代建筑派或国际形式建筑派的主要代表。尽管柯布西耶从未接受过任何正规的教育，但他受到过很多专家的影响，最初影响他的是著名的建筑大师

---

1 Rahul Mehrotra. Architecture in India since 1990[M].UK:Hatje Cantz, 2011.

奥古斯特·贝瑞（Auguste Perret），贝瑞教会他如
何使用钢筋混凝土。1910 年，柯布西耶又受到与他
一起工作的建筑大师彼得·贝伦斯（Peter Behrens）
的影响。但对柯布西耶影响最大的是他经常性的旅
行，同时他还从立体油画和着色等工作中得到相当
多的启示。柯布西耶大部分的灵感来自于雅典卫城
（Acropolis），他每天都去帕提农神庙（Parthenon），
并从不同的角度进行勾勒。

图 3-17　勒·柯布西耶

　　勒·柯布西耶具有丰富的想象力，他对自然环
境的领悟、理想城市的诠释以及对传统的强烈信仰
和崇敬都相当别具一格。作为一名具有国际影响力的建筑师和城市规划师，柯布
西耶是善于应用大众风格的稀有人才——他能将时尚的滚动元素与粗略、精致等
因子进行完美的结合。柯布西耶用方格、立方体进行设计，还经常用简单的几何
图形如方形、圆形以及三角形等图形建成看似简单的模式。柯布西耶懂得控制体
积、表面以及轮廓的重要性，即使是他所创造的大量抽象的雕刻图样也体现了这
一点。柯布西耶在设计中，会运用大量的图样以产生一种栩栩如生的占据支配地
位的视觉效果。通过精心的设计，在光线明暗对比下，他成功地将有限的空间最
大化，获得良好的视觉感受。

　　柯布西耶主张用传统的模式来为现代建筑提供模板，就像他从帕提农神庙
上汲取灵感一样，他曾经表示传统一直是他创作的真正的主导者。柯布西耶设
计的建筑不止从两三种角度，而是从更多种角度考虑，后来他对自然界的领悟
使其建筑风格逐渐发生了变化。当所有的建筑都作为"机器时代的机器"时，
人们也开始重视房屋的基本功能。柯布西耶的目标是：在机器社会里，应该根
据自然资源和土地情况重新进行规划和建设，其中要考虑到阳光、空间和绿色
植被等问题。

　　1926 年，柯布西耶提出了他的五个建筑学新观点，这些观点包括：底层架空、
屋顶花园、自由的平面、自由的立面以及横向长窗。柯布西耶丰富多变的作品和
充满激情的建筑哲学深刻地影响了 20 世纪的城市面貌和当代人的生活方式，从
早年白色系列的别墅建筑、马塞公寓到朗香教堂，从巴黎改建规划到昌迪加尔新
城，从《走向新建筑》到《模度》，他不断变化着建筑设计与城市规划的思想，

将他的追随者远远地抛在身后。柯布西耶是现代主义建筑一座无法逾越的高峰，是一个取之不尽的建筑思想源泉。

1951年柯布西耶应邀来印度设计昌迪加尔新城，当他第一次踏上印度大地时，就被喜马拉雅山的神圣、人们脸上永恒的微笑以及印度历史建筑无与伦比的比例折服了，他盛赞"这里有一切适于人的尺度"[1]。柯布西耶曾写信给尼赫鲁总理："印度正在觉醒，它进入了一个任何事情都会成为可能的时期。印度并不是一个全新的国家，它经历了最发达的古代文明时期，它有自己的智慧、伦理道德和思想意识……印度是全世界建筑艺术成果最丰富的国家之一。"[2] 在领略了印度文化的震撼后，柯布西耶认识到必须尊重自然、尊重传统，使现代的思想、技术、材料在这片神圣的土地获得重生。昌迪加尔的规划模式就源于他对人的关心，贯穿了以"人体"为象征的布局理念。除了昌迪加尔，柯布西耶还在艾哈迈达巴德、孟买等地有多例建筑实践。

设计理论

柯布西耶是现代主义大师中著书立说最丰富的一个。他的现代主义思想理论集中反映在1937年发表的重要论文集《走向新建筑》中，这本著作代表了他的总体设计思想。但是这本著作中的文章，前后跨越几十年，期间柯布西耶自己的创作思想也发生了变化，因此难免有前后矛盾之处，内容也比较庞杂。在否定设计上的复古主义和折中主义以及在强调设计的功能至上方面，他的观点与格罗皮乌斯基本是一致的。

柯布西耶强调机械的美学，他高度赞扬飞机、汽车和轮船等新科技，认为这些产品的外形设计是不受任何传统式样约束的，是完全按照新的功能要求而设计的，这些新科技只受到经济因素的约束，因而它们更加具有合理性。他指出："在近50年中，钢铁与混凝土已经占统治地位，这说明结构本身具有巨大的能力。对建筑师来说，建筑设计中老的经典已经被推翻。我们应该认识到，历史上的过往创作样式对我们来说已经不复存在，一个属于我们自己时代的新的设计样式已经兴起，这就是革命。"通过强调机械的重要，柯布西耶成为机械美学理论的重要奠基人，他认为："住宅是供人居住的机器，

1，2 邹德侬，戴路.印度现代建筑[M].郑州：河南科学技术出版社，2002.

书是供人们阅读的机器,在当代社会中,一件新设计出来为现代人服务的产品都是某种意义上的机器。它们的美学原则是独特的,并不根据古典艺术的美学原则。只有面对这种社会新状况,我们才能把握新的美学立场和美学原则,那就是代表 20 世纪新时代的机械美学。"在具体设计上,柯布西耶强调将数学计算和几何计算作为设计的出发点,使建筑具有更高的科学性和理性,同时也体现了技术的原则。

1927 年,柯布西耶在瑞士拉萨拉兹发起"现代建筑国际会议",成为国际风格现代建筑的中心组织。勒·柯布西耶的建筑思想可分为两个阶段:20 世纪 50 年代以前是合理主义、功能主义和国家样式的主要领袖,以 1929 年的萨伏伊别墅和 1945 年的马赛公寓为代表;50 年代以后勒·柯布西耶转向表现主义、后现代主义,朗香教堂以其富有表现力的雕塑感和它独特的形式使建筑界为之震惊,完全背离了早期古典的语汇,这是现代人所建造的最令人难忘的建筑之一。

2. 昌迪加尔规划

1947 年印巴分治后,原旁遮普邦被一分为二,东部归属印度,西部归属巴基斯坦,原首府拉合尔在巴基斯坦管辖境内,使得印度部分的旁遮普邦没有了首府。东旁遮普地区的所有城镇在印巴分治前就已经缺乏食物和水以及水渠等公共设施,甚至连学校和医院也没有,印巴分治后更因接收巴基斯坦的印度教难民而人口倍增。为了解决这些问题,同时安置部分的难民,在总理尼赫鲁的大力支持下,印度政府决定在新德里以北 240 公里,罗巴尔(Ropar)行政区西瓦利克(Shivalik)山麓下划出 114.59 平方公里土地,兴建新的首府,根据该地一座村落之名命名为昌迪加尔,"昌迪"是力量之神的意思,"加尔"是碉堡的意思,也预示着昌迪加尔新城有着守卫新旁遮普之意。

当时印度旁遮普邦西北部以说旁遮普语的居民为主,而东南部则以说印地语的居民为主,这两个地区经常发生一些矛盾,因此在 1966 年 11 月 1 日,印度政府将旁遮普邦东部划成新的哈里亚纳邦,而新城昌迪加尔刚好位于旁遮普邦和哈里亚纳邦之间。两个邦均希望将昌迪加尔划入自己的邦,作为自己邦的首府,但印度政府最后将昌迪加尔划为联邦属地,它不属任何一个邦,但又同时作为两个邦的首府。

1950 年新城刚规划之时,首先获邀请的是美国建筑师阿尔伯特·迈耶(Albert

Mayer），他的团队还包括其他各方面的人才。在他们的规划设计中，昌迪加尔呈扇状展开，是一个人口 50 万的城市，并且结合住宅、商业、工业、休闲用途，行政区位于扇形的顶尖，而市中心则位于扇形中央，两条线状公园带由东北一直伸延至西南，而扇形走向的主要干道把各小区连接起来。迈耶还为其他的建筑细节做了安排，例如将道路划分为牛车道、单车道及汽车道，这种规划风格深受当时美国的规划经验所影响。然而，1950 年 8 月 31 日迈耶的主要副手马修·诺维奇（Matthew Nowicki）在空难中逝世，迈耶自认为不能承担昌迪加尔的规划任务而请辞。

1950 年夏，印度考察团和柯布西耶签订了一份台同，聘请他为旁遮普新首府昌迪加尔的建造顾问。柯布西耶担任政府的全权顾问，他将决定城市的总体规划以及详细规划、街区的划分、城市的整体建筑风格、住宅区及宫殿的性质。昌迪加尔的规划没有任何天然的障碍，土地的所有权归国家，国家将根据规划的部署将土地转让给个人。对于建筑师来说这是巨大的自由。另外受聘的还有 3 名建筑师：来自伦敦的 CIAM 成员马克斯韦尔·弗赖（Maxwell Fry）、简·德鲁（Jane Drew）、柯布西耶从前的合伙人皮埃尔·让·纳雷。印度政府在旁遮普设立一处工作室，作为柯布西耶和他的团队 3 年间的现场指挥工作场所。1951 年 2 月所有人都集结在喜马拉雅山脚下这片广袤的高原上，这个地方在两条大河之间，两条河一年中有 10 月的干涸期。在这里，将建起旁遮普的新首都[1]。

1）遇到的难题

昌迪加尔工程是先辟出道路，随后进行路面铺设。与此同时，公共建筑及各种居住类型建筑的研究工作也开始展开。昌迪加尔作为一座政治首府，将接收 1 万名公务人员，对应约 50 万名居民，由国家出资，按照一定的等级要求解决 50 万人的住房问题。所以面对这么多人口的居住问题，建筑方案需要高效迅速[2]，由柯布西耶负责拟定的政府区建筑方案具有所需求的高效率。与此同时，昌迪加尔的建设如同一场巨大的建筑冒险：经费极为紧张；工人不熟悉现代建筑技术；气候本身就是个巨大的难题；而且，应当让印度人民的观念和需求得到满足，而不是把西方的伦理和审美强加于印度人民。问题的解答还取决于其他已知条件：在这个国度，太阳是强制性以及至高无上的要素，因此要运用它，

1，2 W 博奥席耶.勒·柯布西耶全集（第五卷）1946—1952[M].牛燕芳，程超，译.北京：中国建筑工业出版社，2005.

图 3-18　气候表格

以印度的当时经济条件为基础，铸造一个崭新的印度社会。强烈的日照塑造了当地人的生活方式，以至于直至今日，印度人休憩、午睡、懒惰的习惯在当地建筑环境中几乎还是不可避免的，印度人在一定的季节，在一定的阶段，是不能开展任何工作的。雨季的到来也增加了一系列难以解决的问题。

柯布西耶搜集到的有关资料总体看上去杂乱无章，因此他创建一张"气候表格"（图 3-18）来厘清这些头绪，既要能够适用极端的气候，又要能针对具体的情况提出具体的问题。这张表格由柯布西耶与米森纳德（Missenard）先生合作制作，第一次在图板上清晰地呈现出 1 年 12 个月不断变化的、强制性的、苛刻的气候条件。表格主体由 4 个主要的纵向栏构成，它们分别对应环境的 4 个要素——空气湿度、空气温度、风向和辐射。在横向上，表格由 3 个连续的相同的分格部分构成：气候条件、相应的调整以及建筑的解答。3 个部分下面又以 1 年 12 个月分割。A 栏气候条件根据时间如春分秋分、雨季起始、季风转换等特征点取样，由此可以绘制出温度变化、湿度变化、风力和辐射等曲线图。B 栏相应调整，以 A 部分的数据为基础，以舒适宜人的环境为标准，表示了所要做出的必要调整和修正，这一部分构成了一份真正的任务书。C 部分建筑的解答则恰当地表述了建筑的调整意见和相应措施，并附有一定规格的图纸[1]。

首次印度之行即将结束之时，柯布西耶在孟买下榻的旅馆中整理出政府区建筑的设计思路，他在他的小册子上记录了设计元素——太阳和雨水是决定建筑的两个基本要素[2]。也就是说，一栋建筑将成为一把遮阳避雨的伞。关于屋面的设计，提供阴凉是首要的问题，还需要符合水力学。屋顶将充分发挥"遮阳"的价值，古典的风格被摒弃。"遮阳"将不仅仅位于窗前的一点点地方，而是扩展到了整个立面，甚至扩展到建筑的结构本身。不同于当代建筑的大部分问题，昌迪加尔

1，2 W博奥席耶耶．勒·柯布西耶全集（第六卷）1952—1957[M].牛燕芳，程超，译.北京：中国建筑工业出版社，2005.

面临的是巨大的自由，同时也是巨大的冒险。

政府广场十分开阔，建筑仅仅占基地的很小一部分。如何赋予如此分散的建筑群以视觉上的内聚力？这是一个棘手的问题。在过去的一个世纪中，很少有机会可以尝试像昌迪加尔这样平地兴城的设计，而且即使偶尔碰到类似的机会也大多被错过了。在昌迪加尔，无论从技术的角度，还是从建筑的角度，柯布西耶都深刻地体会到他所肩负的巨大责任，伦理与审美的责任同样占满了整项工作。仅用了 18 月的时间，柯布西耶的事务所便完成了政府区方案的定稿，其中两栋建筑大法院（图 3-19）和秘书处（图 3-20）的施工图已经完成，议会大厦和总督府的草案也已被当局接受[1]。

2）"小区"的概念

昌迪加尔（图 3-21）计划容纳 50 万居民，工程的第一期共计可容纳 15 万居民。柯布西耶和他的团队对昌加迪尔重新做了规划，将城市设计成方格状分布。相对迈耶重视小区的连接而言，柯布西耶更重视空间的分布和利用。新规划依然保留了原计划中不少的理念，例如原规划中"小区"的概念，就演化成新计划里的"小区"。柯布西耶的规划中，昌迪加尔城市共划分为约 60 个方格，每个方

图 3-19　初稿方案透视图（从大法院看过去）

图 3-20　大法院初稿方案透视图（1951 年 5 月）

---

1 W 博奥席耶 . 勒·柯布西耶全集（第五卷）1946—1952[M]. 牛燕芳，程超，译. 北京：中国建筑工业出版社，2005.

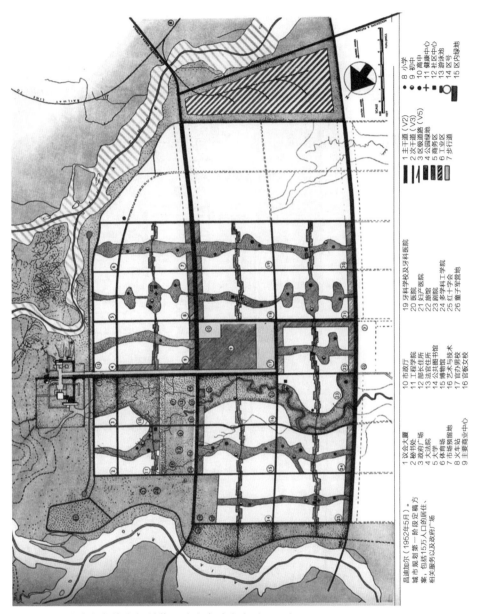

图 3-21 昌迪加尔城市规划第一阶段定稿方案（1952）

格面积约为 1.5 公里 × 1.5 公里，顺序命名为第 1 区至第 60 区，由于柯布西耶认为数字"13"不祥，因此没有第 13 区。居民以 750 人为一组，构成独立的小村庄，从富人区到穷人区，通过组织关系，以确保他们之间有益的社会接触。"小区"的尺寸为 800 米 × 1 200 米，其中可以容纳 5 000~20 000 位居民。邻里单位内的商业布局模仿东方古老的街道集市，横贯邻里单位。邻里单位中间与绿带相结合，设置纵向道路，绿带中布置小学、幼儿园和活动场地，在城市行政中心附近设置有广场，广场上的车行道和人行道布置在不同的高程上 [1]。

3）道路系统

城市道路遵循 7V 规则，V1—V7 代表着道路的等级。V1 为来自德里和西姆拉的国道，横向贯通拉合尔（旁遮普前首府，后归属于巴基斯坦）。V2 为自右向左贯通城市的城市道路。其第一段，起点是"德里—西姆拉"的公路和火车站，终止于城市纵向主轴。V2 级道路的沿线分布着一些商业机构，有钢材市场、木材市场、农机市场、汽车市场等大大小小的市场。穿越导向政府广场的纵轴，横向干道 V2 第二段为博物馆和艺术学校前的林荫大道，连接文化教育场地和体育场。纵向自下而上另一条 V2 直通政府广场，道路宽 100 米，道路的断面经过仔细设计。道路的中段为商业中心（City Centre）。在商业中心下方，道路转了一个肘形的弯，通向位于第一期（15 万人口）城市边界之外的一条大道。在第二期这条大道将构成（50 万人口）城市的第二条横向 V2 干道，这里将成为城市的中心市场，在一期方案中它是偏心的，但当昌迪加尔城市化完成时，它将位于正中心。

V3 是高速机动交通专用的道路，起到分区的作用。V3 道路总长可达 4 000 多米，沿途将不设置可开启的出口，汽车将只能在每隔 400 米设置的与区内建立联系的站点停留。昌迪加尔的 V3 道路几乎禁绝了所有私人车辆通行，只允许客车和公共汽车行驶，以确保城市居民交通的经济与高效。V2 和 V3 道路吸纳城市主要的机动车。V4 道路作为横向的商业街汇集了居民生活所需的一切手艺与贸易活动，柯布西耶以这种方式复兴了昔日植根于印度传统的"闹市街"。V4 横向穿越城市，确保了各区之间的连续性和友好的毗邻关系。小汽车和公交车在 V4 上保持低速行驶。

1 W 博奥席耶.勒·柯布西耶全集（第五卷）1946—1952[M].牛燕芳，程超，译.北京：中国建筑工业出版社，2005.

V5 道路从 V4 上伸出，以清晰的路线将缓行的车辆引入各区内部。V6 道路极为狭窄，是循环道路网络的毛细末端，它通达住宅的门前。V4、V5、V6 三级道路构成的交通网络采用最经济的布局，让低速行驶的汽车进入居住区。余下贯通整个城市的 V7 道路是在绿化带中间展开的道路，连接散布在绿化带中的学校和运动场地。这些宽广的绿化带联系了区与区之间的年轻人，正如 V4 道路联系了区与区之间的城市手艺与贸易元素。7 级道路（7V）的断面都经过严格细致的研究，以便其尽可能发挥功效，使交通循环畅通无阻。道路还设置了密集的机动车交通的专用道路、高速车辆专用道、机动车禁行区等。

4）功能分区

第一区为政府建筑群，博物馆、图书馆以及剧院这些公共建筑以及官办男校在北部的第十区，紧靠着第十区的十一区布置官办女校、部长住所、体育场、多学科工学院和艺术与技术学校。第十七区是市中心与消闲娱乐区，区内酒店食肆较多。政府广场的 V2 道路的左侧有一处谷地，名为"休闲谷"。这是由于水体的侵蚀而形成的一处均匀的下陷，比城市所在高原的平均海拔高度低 5~6 米。河流今后要改道，这条谷地将构成一个特别适宜安排休闲娱乐的场所，自下向上贯通城市，直至政府广场。休闲谷沿线将设置一些必需而有效的场所或场地，以安排各种休闲娱乐，如自发的戏剧表演、演讲、朗诵、舞蹈、露天电影，以及居民在清晨或晚间凉爽时分的散步。在这里人们将重新回到友好而广泛的联系中来，印度人热爱这种联系，他们在城市中创建了宽广的散步场所。第三十五区是另一处餐厅酒吧林立的地区。后期昌迪加尔政府没有严格按照柯布西耶的规划行事，使周边出现了一些与原规划相矛盾的小镇和军营。

各建筑物主要立面向着广场，经常使用的停车场和次要入口设在背面或侧面。在建筑方位上考虑了夏季的主导风向和穿堂风，建筑多设置柱廊（图 3-22）。很多建筑在四面都设置柱廊，排列整齐的柱子撑出廊子来，减少了直射阳光，廊道里还可以供人乘凉。城市的建筑低矮且建筑密度低，显得建筑之间间距过大，广场过于空旷。城市广场上设置水池（图 3-23），以增加空气湿度，丰富景观。

昌迪加尔城市建成后，由于其规划设计功能明确，布局规整，得到一些好评。但也有批评者认为城市布局过于从概念出发，从建成后的效果看，建筑之间距离过大使得广场显得空旷单调，建筑空间与环境不够亲切，对城市居民的生活内容考虑也不够。

图 3-22 四面柱廊的建筑   图 3-23   中心广场喷泉

5）"人体"象征

昌迪加尔的规划以"人体"为象征，柯布西耶把第一区的行政区当做城市的"大脑"，主要建筑有议会大厦（The Legislative Assembly）、秘书处大楼（The Secretariat Building）、高级法院（The High Court）等；博物馆、图书馆等作为城市的"神经中枢"位于大脑附近，地处风景区；全城商业中心设在作为城市纵横轴线的主干道的交叉处，象征城市的"心脏"。位于城市西北侧的大学区象征"右手"；位于城市东南侧的工业区象征"左手"；城市的供水、供电、通信系统象征"血管神经系统"；道路系统象征"骨架"；城市的建筑组群好似"肌肉"；绿地系统象征城市的呼吸系统"肺脏"。城市道路按照不同功能分为从快速道路到居住区内的支路共 7 个等级，横向干道和纵向干道形成直角正交的棋盘状道路系统。此外，全城还有一个安排在绿地系统中的人行道和自行车道交通系统。

6）树木种植

昌迪加尔的植物种植根据道路等级以及广场的不同情况进行多样化处理，做到不同情况树的种类、排列方式都不同。V3 级道路是高速机动车干道，所以道旁树的种植以创造最佳行车条件为优，要保证驾驶员视线和太阳光线有合理的夹角，避免产生眩光。V3 道路有两个方向：平行政府大道为纵向 V3 道路，垂直于政府大道为横向 V3 道路。不同方向的 V3 道路由于太阳入射的角度不同，采用不同的种植方式。纵向 V3 在夏天的时候太阳光线和横向的 V3 差不多，但是到了冬天太阳落山时，太阳光线几乎是沿着纵向的 V3 轴射入的，给驾驶员造成了很大的影响。因此，纵向 V3 道路（图 3-24）的行道树采用了较低矮浓密的常绿树种，这些树生长横向侧枝，最后修剪成绿色的通道，可以很好地遮挡几乎水平的太阳光，选用常绿树同时可以减轻清洁的负担；横向的 V3 道路（图 3-25）选择了高大的疏

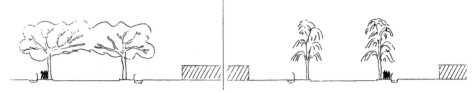

图 3-24　纵向 V3 道路低矮的浓密树木　　　图 3-25　横向 V3 道路高大的疏叶树木

叶常绿树木。两种行道树还带来了一个便利，就是能让驾驶员更好地辨别方向。

V4 道路是区内的商业性质街道，沿街是满足日常生活的各项服务。柯布西耶为每个区带来了生机，每个区彼此不同，具有鲜明的特征，给城市创造了多样性，为居民生活提供了不同类型的生活要素。在绿化的选择上也贯穿了多样性，树种选择一些恰当的落叶树搭配常绿树，使夏天有阴凉，冬天有阳光也有绿意，植物的排列方式同样呈现多样性：单排、双排、多株或成梅花形。区和区之间通过 V4 道路的多样性延展产生了有机的联系[1]。

政府广场大道是城市纵向主干道，为二级道路。它包括：一条双向六车机动车道路、两条自行车道、一条与干道平行的停车带，还有一条宽阔的毗邻带拱廊的商店和高大建筑物的人行道。休闲谷位于广场大道的另一侧，并与之保持平行。这条大道一方面需要界定机动车道路，同时要保证道路横向视野没有遮挡，使商店、行人、停车带、自行车、汽车以及与休闲谷等的局部都一目了然，另一方面还要为人行道上的行人提供阴凉。因此，机动车道的行道树选择了叶冠较高较稀松的常绿树种，采用单排或双排的种植方式，以保障视线畅通；人行道则选择叶冠较低较密的落叶树种，采用多排的种植方式，确保冬日里阳光可以洒向步行道。

7）昌迪加尔政府广场

昌迪加尔政府广场（图 3-26、图 3-27）设计时主要建筑为秘书处、议会大厦、大法院、总督府。总督府位于广场最北端，也是整个城市的最北端，位于主轴线的终点，总督府前广场轴线和市政广场主轴线垂直，在整个市政建筑群中占重要地位。但是由于种种原因最终没有被建成，而这个项目也成为柯布西耶最后一个完成施工图却没有建成的建筑。因为缺失了总督府，市政广场如今显得过于空旷。

1　W 博奥席耶.勒·柯布西耶全集（第六卷）1952—1957[M].牛燕芳，程超，译.北京：中国建筑工业出版社，2005.

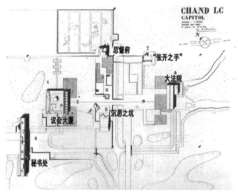
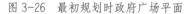

图 3-26　最初规划时政府广场平面　　图 3-27　建成后的政府广场卫星图

大法院和议会大厦遥遥相望，透过大法院就能望见议会大厦，两栋建筑在靠近广场一侧都有两个方形水池，水池不仅可以起到调节微气候的作用，而且体现市政区平静严肃的特点。秘书处位于西面，并不处在主轴线上，呈长条形。"张开的手"是柯布西耶为昌迪加尔设计的城市纪念碑，在高等法院和议会大厦之间巨大的场地上，面向喜马拉雅山高达 16 米的"张开的手"（图 3-28）屹立在那里。"张开的手"表达了柯布西耶的城市规划和哲学思想，它标志着模度的形象、和谐螺线、14 小时太阳日照、二至日的太阳运行等。"张开之手"如今已经成为昌迪加尔城市的标志。除了"张开之手"还有构筑物"阴影之塔"（图 3-29），位于议会大厦前。

图 3-28　"张开的手"　　图 3-29　"阴影之塔"

8）昌迪加尔议会大厦

昌迪加尔议会大厦（图 3-30、图 3-31）在初稿阶段就已经确定了具有门廊、办公室，包含两个集会大厅的公共空间以及排水沟和雨水喷口等功能。门廊的形象像是建筑上的"太阳伞"（图 3-32），基本是和建筑主体脱离的，它的断面是牛角状的优美弧线。在印度作为湿婆坐骑的牛是神兽，受到崇尚印度教的印度人的尊敬。"太阳伞"由 8 个片形带镂空的隔扇支撑着，把门廊下部分成 7 个空间。在印度这样一个炎热又潮湿的国度，建筑上的遮阳和避雨两个功能相比其他国家被进一步放大，议会大厦门廊的牛角形顶棚和隔扇的结合起到很好的遮阳作用，与此同时上卷的顶棚又能满足

图 3-30 昌迪加尔议会大厦

图 3-31 议会大厦正立面（集会大厅的顶和柯布西耶的画）

檐沟排水的功能。门廊下的入口大门使用了彩釉钢板，上面绘以柯布西耶的抽象画，让粗犷的混凝土表面多了一些色彩和生机，印度也是一个对艳丽色彩情有独钟的国家，在议会大厦上使用彩绘反而显出本土另味的庄严。门廊前的两个矩形大水池为人们提供了一个平静的休息处，水面强大的吸热能力起到了降低空气温度的作用，营造出舒适的交流环境，形成人工小气候，而水面折射的阳光在阳伞下的隔扇上形成梦幻的光影效果。

众议院集会大厅采用了圆形平面，大厅由厚度为 15 厘米均匀的双曲薄壳围合而成。柯布西耶应用了工业上的冷却塔的形象来表现集会大厅，集会大厅顶部的收口并非是水平的而是倾斜的，以金属铝构架封顶，这个构架可以确保自然采光、人工采光、通风以及安置电子音像设备等的需求。集会大厅的圆筒形状为空调系统的运行提供了最好的条件：冷空气从大厅上方几米处送出，由于重力作用下降，而参观者呼出的热空气从底部上升，经由设置在集会大厅顶部的排风设备排除。另外，众议院集会大厅进行了极为精确的声学研究，不用设置专门的演讲台，每位议员直接坐在自己的座位上就可以发言。

图 3-32　"太阳伞"

办公区的立面开窗比较密，为了起到遮阳的作用，窗户外采用隔扇的形式，隔扇和建筑立面并不是垂直的，而是根据太阳入射方向形成一定角度，达到了最好的遮阳效果。

9）昌迪加尔高等法院

高等法院在设计上也和议会大厦一样考虑了"阳光"和"雨水"两大要素，为了获得两个问题的双重解答，柯布西耶采用了象征元素"雨伞"，他设计了长达 100 多米的钢筋混凝土顶棚（图 3-33），顶棚下面是 11 个连续的拱壳。这个巨大的顶棚向上翻卷，将建筑的大部分罩住。由于顶棚和下面的主体建筑之间有一段空气层，

图 3-33　昌迪加尔高等法院混凝土顶棚

图 3-34 昌迪加尔高等法院三原色壁柱　　图 3-35 昌迪加尔高等法院坡道

当强烈的阳光照射在顶棚上时，空气层可以很好地隔绝热能，由此降低室内温度。与此同时，拱壳还可以让顶棚下的空气自由地流动，带走顶棚的温度，更好地起到了散热的作用，给室内一个舒适的温度。栅格是减少阳光直射的一个重要建筑形式，而高等法院的正立面阳光垂直照射的时间较长，所以除了栅格之外还在窗户前下部加了遮阳板，更好地起到防晒作用，侧面的防晒措施则采用尽量减少开窗的形式。高等法院尽可能做到通透，不封闭以利通风。建筑的正立面上可以清楚地看到有很大的开口，这里没有布置房间，而是布置了三根巨大的壁柱形成门厅，壁柱（图 3-34）分别刷上三原色的颜色，增加了入口的可识别性，透过壁柱可以看到曲折的坡道（图 3-35）。入口前也像议会大厦一样挖了巨大的水池，营造了良好的人工小环境。高等法院和议会大厦遥遥相望，它们之间是 500 多米宽的广场，广场上有"沉思之坑"和"张开的手"。

　　10）秘书处大楼

　　秘书处大楼长 254 米，高 42 米，包含了 7 个部门及相应的部长办公室，部长办公室集中在中央区（图 3-36、图 3-37）。整个建筑分为 6 个区，6 个区彼此之间通过自上而下的伸缩缝分隔。建筑外立面和高等法院一样采用了垂直遮阳和水平遮阳。建筑外部均为裸露的混凝土。位于建筑前方和后方的 2 个巨大坡道也用混凝土建造，坡道的墙面上开了很多均匀分布的小窗，以特别的方式为每天早晚上下班的公务员的交通空间增加了趣味。垂直交通除了外部的坡道外，还有作为机械交通的内部电梯，对应的双跑楼梯嵌在由地面直通屋顶的脊柱似的楼梯间里。模度决定了建筑中标准办公室的基本剖面，建筑净高为 3.66 米，这一高度也

图 3-36　昌迪加尔秘书处大楼

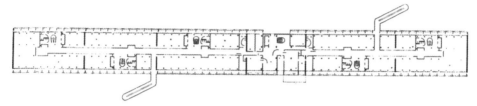

图 3-37　昌迪加尔秘书处标准层平面

被赋予到底层架空支撑空间和政府广场区入口层以及部长办公室[1]。

3. 在印度的其他建筑实践

1）艾哈迈达巴德城市博物馆

艾哈迈达巴德城市博物馆（City Museum Ahmedabad，图 3-38）的主题是一个"核"、一颗"心"，这个主题是在 1951 年召开的第八届国际现代建筑协会（International Congresses of Modern Architecture）年会上筹划的。在一个露天庭院（图 3-39）内，参观者沿着一条坡道从建筑下方的底层架空处进入博物馆。一上楼就是一个双跨的旋转中庭，柱网尺寸（图 3-40）为 7 米 × 7 米，中庭宽 14 米。中庭和底层架空文化中心采取了很多日间防晒的措施。建成后的艾哈迈达巴德博物馆展品大多布置在庭院和一楼的架空文化中心，展品较少，看起来反而像博物馆的装饰物。设计时将夜间的参观路线结束在屋顶，屋顶上设计了一片宽阔的花圃，其间有 40 多个 7 米见方的水池，水深 40 厘米，水面上落英缤纷，色彩斑斓，在茂密的植被的掩映下，池水免于被炙热的阳光烘烤。池水中添加了一种特

---

1 W 博奥席耶 . 勒·柯布西耶全集（第六卷）1952—1957[M]. 牛燕芳，程超，译 . 北京：中国建筑工业出版社，2005.

图 3-38　艾哈迈达巴德城市博物馆

图 3-39　艾哈迈达巴德城市博物馆中庭

殊的粉末，可以促使植物成长，结出了巨大的南瓜、巨大的番茄和其他果实。艾哈迈达巴德博物馆的方案极富有实践性又富有诗意，它的灵感来自一次晚宴后的闲聊。"1930 年，在巴黎波利尼亚克（Polignac）亲王夫人的家中，出席晚宴的有诺瓦耶（Noailles）女爵士、巴黎巴斯德研究所所长福尔诺（Fourneau）教授和柯布西耶。福尔诺教授对柯布西耶说：'这个客厅的地板上如果有 4 厘米深的水，再加上我所知道的一种粉末，就能让西红柿

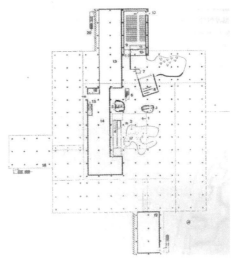

图 3-40　艾哈迈达巴德城市博物馆平面

在此发芽长得像西瓜一样大。'当时柯布西耶的回答是：'谢谢，我还没有这样的愿望！'但到了 1952 年，在艾哈迈达巴德城市博物馆的方案阶段，柯布西耶又想起当时的对话，他去拜访那位教授，可是教授已经去世了，尽管如此巴斯德研究所还是无偿地为柯布西耶提供了帮助。"[1] 在双跨方螺旋中庭构成的展厅中，外墙表面被涂成白色，围合内院的墙体外表面则保持青砖原貌。

2）艾哈迈达巴德棉纺织协会总部

艾哈迈达巴德棉纺织协会总部（图 3-41）不仅能够有效地服务于行政功能，而且还能为举行集会提供必要场所。建筑坐落在一处临河花园中，朝向依据主导

1 W 博奥席耶 . 勒·柯布西耶全集（第六卷）1952—1957[M]. 牛燕芳，程超，译 . 北京：中国建筑工业出版社，2005.

风向而定，为了有效地防热，南北立面上几乎不开窗，屋顶设置一个水池和两个空中花园用于隔热，还设有服务于夜间聚会的酒吧。立面采用了蜂房式遮阳，使建筑适应地区气候的变化，立面上的竖向板成一定的角度排列，更好地起到了遮阳和通风的

图 3-41　艾哈迈达巴德棉纺织协会总部

双重效果。集会大厅由双层薄砖墙围合，内壁是胶合木板，大厅内通过曲面顶棚反射获得间接采光。建筑内的垂直交通采用了坡道和电梯的结合，长长的坡道为行人提供从停车场向主席办公室的通道，而两部电梯则解决了各个楼层间的交通问题。南北立面采用清水砖墙，东西立面采用裸露的混凝土，墙体采用金属模板浇筑，而大坡道采用木模板浇筑。

4. 对印度的影响

柯布西耶是现代主义建筑的领军人物，他来到印度这个落后的发展中国家，为印度兴建新城昌迪加尔，并且在艾哈迈达巴德等地进行了很多的建筑实践。对于他本人来说这是一个机遇，对于印度来说这同样也一个机遇。柯布西耶用他自己的实践，为印度原先存在的完全的"国际风"以及"印度—撒拉逊风格"做了不一样的尝试，为在印度探索的外国建筑师以及印度本土的一些建筑师做了表率，打开了一条必须考虑印度本土不能忽视的潮湿、炎热气候而进行现代主义建筑创作的道路，对后来印度很多本土的建筑师有很重要的影响。本土的建筑师追随者柯布西耶的足迹，在印度这片土地上进行更多的建筑实践和建筑理论的探索，让印度城市在现代化的道路上走得更远，从而改变了印度各个城市乃至整个国家的风貌。

第三节　路易斯·康

"艺术是上帝的语言，结构是光的创造者，建筑师是传递空间美感的人。"

——路易斯·康

1. 生平简介

路易斯·康（Louis Kahn，生于
1901年2月20日，图3-42）是美国现
代建筑师，生于爱沙尼亚的萨拉马岛，
当时该岛处于波兰的统治下。康出生在
一个犹太人的家庭，父亲是一名虔诚的
犹太教徒，母亲出身于声望颇高的门德
尔家族。路易斯·康自小就受到双亲的
文化熏陶，自然、宗教、音乐以及歌德
等人的文学作品，从孩提时代起就是路

图 3-42 路易斯·康

易斯·康的精神食粮。作为德国资产阶级革命思想的主流——浪漫主义以及由新
柏拉图主义演变的存在主义对路易斯·康的人生有很大的影响。

路易斯·康1905年随全家迁往美国宾夕法尼亚州，1924年毕业于费城宾夕
法尼亚大学。康读书时，受法国教师库雷特（Paul Philippe Cret）的古典学院派影
响较深，尔后曾经崇拜密斯与柯布西耶，也曾钦佩过赖特，但他更相信自己。20
世纪20—30年代他在费城执业。1947—1957年的十年之间，路易斯·康担任过
耶鲁大学教授，还曾是哈佛设计学院的一员。

1935年起，路易斯·康开设了独立的建筑事务所。在两次世界大战期间，他
先后和乔奇·豪、奥斯卡·斯东诺洛夫等合作开设事务所。从大萧条时期开始，
他与一些城市规划工作者，并与克莱仑斯·斯登、亨利·莱特等人建立起友谊，
这使路易斯·康有机会从事一些城市开
发性设计。

历经30年的摸索与彷徨，路易
斯·康终于迎来了事业的转折点，耶
鲁大学艺术画廊（Yale University Art
Gallery，图3-43）的扩建项目被视为
路易斯·康的成名之作。在路易斯·康
接手这一项目时，纽黑文这座大学城中
新建筑并不多。这个大学城像哈佛大学

图 3-43 耶鲁大学艺术画廊扩建

那样，充满着如英国剑桥、牛津一般的学院气息，建筑亦然如此——古老沉重的石材建筑，厚重的历史形式和体量，被赋予哥特风格、维多利亚风格到折中主义风格。在如此浓郁的历史环境中，路易斯·康的设计显得十分拘谨。沿教堂街的立面，他小心翼翼地让新建筑与原有建筑在色彩、质感以及立面划分上保持统一，在建筑细部的处理上做到简陋、粗糙、地位谦卑。然而在室内和面向室外草坪、绿地的一侧，路易斯·康大胆地运用了钢和玻璃材料，以及使用流动空间、三角形密肋楼盖结构外露等典型的现代手法。在室内，路易斯·康首次以一些简单几何形作为空间构图的"元"。融结构、空间构图、装饰和设备管线于一体的三角形密肋楼盖，把勒·柯布西耶的粗野主义和奈尔维的装饰性结构等手法汇集一体。这一特色，由这时起成为路易斯·康的个人风格中重要的一个方面。这种既照顾历史环境又竭力求新的二元做法，显然是在时代和耶鲁这一具体历史环境的双重压力下进行的风格混合。如果说，耶鲁大学艺术画廊扩建工程呈现的是某种比较浅表、比较生硬的"复合"，那么稍后的特雷顿犹太人文化中心以及1957年之后完成的宾夕法尼亚大学理查德医学研究大楼，则已经呈现出某种非压力下的加工式"复合"而成的二元，是传统与现代在各个方面的交织和融合。

盛名之下的路易斯·康对待他的作品仍然秉持着严谨的工作态度。他每周工作80小时以上，他的雇员们往往也被迫每周工作80小时以上。据雇员们回忆，周末是令他们不安的。因为平时路易斯·康没有太多时间静下心来考虑进行中的设计工作，于是周末对于他来说就格外可贵。他总是趁周末钻到事务所里，抓住任何一个遇到的人一起修改方案。如此一来，某一方案的设计负责人（Project Architect）星期一早上在自己图板上见到的可能是一张新的草图。他必须赶紧看懂它，并赶快画出来，以备路易斯·康不时地过问。这种精益求精的精神和投身工作的热情，也是康能够成为一代大师的原因之一[1]。

2. 建筑思想

路易斯·康在20世纪建筑界的地位是重要而且特殊的，近一百年的建筑艺术中，但凡重要的思潮，恐怕除了密斯学派之外，没有一支不受其影响。柯布西耶功在先，而路易斯·康则既集大成又开后世。他受到过学院派的古典主义教育，又热衷于混凝土、薄壳等结构施工技术的应用。

---

1 Louis Kahn [DB/OL]. (2014). http://en.wikipedia.org/wiki/Louis_Kahn.

路易斯·康的设计作品常常伴有自成一格的理论作为支持，他的理论既有德国古典文学和浪漫主义哲学作为根基，又糅以现代主义的建筑观、东方文化的哲学思想乃至中国的老庄学说在其中。他不仅从事建筑创作实践工作，又先后在耶鲁、普林斯顿和宾夕法尼亚大学从事建筑教育，并且应邀在许多国家发表演说。路易斯·康曾经说过："'砖，你想成为什么？'砖说'要成为拱。''拱造价太大了，我可以用混凝土代替你，你觉得呢？'砖说'我还是要成为拱。'"在建筑理论方面，路易斯·康的言论常常如诗的语言般晦涩、令人费解，然而也的确如诗句一般，充满着隐喻的力量，引人揣摩。他的实践和理论是相互融合的，他的实践似乎为这些诗句般的理论做了注解，而他的理论，似乎又为实践泼洒上一层又一层神秘的色彩。在路易斯·康20年的巅峰状态中，他的作品遍及北美大陆、南亚和中东，他的弟子成为如今美国以及其他国家建筑界、建筑教育界的中坚力量，而他的建筑思想，更是在一代又一代的建筑师中风靡着，因此人们崇奉他为一代"建筑诗哲"。

1）静默和光明

路易斯·康对砖的发问"砖，你想成为什么"是在领悟到意志哲学的精髓之后，把意志的概念移植到建筑上去，既然生存意志是万物形成的特殊原因，那么建筑同样可以具有"想要成为"这样的生存意志，对建筑的人格化哲学成为路易斯·康的独特的建筑哲学。路易斯·康通过对传统文化深层架构的发掘形成理念，再把理念转到实践，这样客体本身就带有了永恒的意志。

通过对建筑活动的沉思，路易斯·康将"静默和光明"（Silence and Light）作为他整个思想体系的主体。"静默不是非常的安静，而是可以称为无光的（Lightless）、昏暗的（Darkless），这些是被发明的词，甚至Darkless这个词还不存在，但是有什么关系，这两个词想要出现，想要被表达……"静默是不可度量的品质，是"想要成为"的冲动，而光明赋予存在生命，光明是静默的实现，它是物质化的，砖的意志正是体现在两者的交汇之处，灵感则起源于静默和光明交汇之处的感觉[1]。

2）形式来自习俗

路易斯·康把建筑看做习俗的形式（Institution）。他曾经说过："学校开始

1　刘青豪 . 永恒的追求——路易斯·康的建筑哲学 [J]. 新建筑，1995（02）:33-25.

于一个人在树下，这个人与其他人探讨他的观点，却浑然不觉得他是老师，其他人也浑然不认为他们是学生，学生们对他们之间的交流做出反馈，他们希望自己的子孙也能聆听同一个老师的教诲，很快教学空间被腾出来了，因此实现了第一所学校。"现存的学校系统，都起源于那个树下的交谈，而一间学校存在的愿望是在一个人立在树下之前就存在了，因此思路要回归到起源——任何已经成立的人类活动都起源于最精彩的瞬间。

场所精神（Genius Loci）一般而言不是抽象的环境概念，而体现在生活中，具体体现在社会人际交往系统和人文习俗行为中，其中建筑空间和社会行为的相互关系成为理解空间含义的前提。路易斯·康把建筑视为一定习俗的形式，并且运用类比手法将其与特殊的建筑形式相关联，由此得出"形式来自习俗"的理念，而一般意义上的功能只是对于它的补充完善。对于路易斯·康来说功能是变化的，形式是不变的，功能是最低下限，满足了功能只能说这房子能够成为一个遮蔽的场所[1]。

路易斯·康的思想归结起来，可以用他自己的一句话来概括："形式引起功能"（Form Evokes Function）。一切事物的存在皆遵从形式，追寻形式可以寻得人在世间的位置、人感知的本质。"形式没有固定的形态，担当着体现本质的本性，即有和其他事物区别的责任，可以认为是某种无法直接测量的，却又确实存在的性质。"通过形式的引导，每个设计都可以用某种特定手法来设计和理解，所以，虽然我们某些时候具有相同的感知，但设计的多样化仍然具有可能性。路易斯·康坚持着体现本质和本性的形式，感悟并且回应着形式的影响，并把它带到存在的真实人类的精神[2]。

3）古典的影响

路易斯·康曾经说过："一个伟大的建筑，必须从不可度量开始，经历过可度量的过程，而最终又必须是不可度量的展示。"[3]在建筑实践上，路易斯·康也遵循这段话，在他建筑的可度量过程中，则充满了古典建筑的影子。古典建筑具有永恒的魅力，即使今天人们再站在它的脚下，仍旧会感受到震撼。路易斯·康曾经花了一年多时间赴欧洲考察古典建筑，他赞同那些宏伟建筑的尺度、严谨的

---

1 周云.静谧与光明——写在路易斯·康逝世21周年之际[J].时代建筑，1997（01）:47-50.
2 张慧若.路易斯·康——对"元"的追问[J].福建建筑，2012（01）:25-27.
3 刘青豪.永恒的追求——路易斯·康的建筑哲学[J].新建筑，1995（02）:33-25.

结构、奇妙的空间和阳光下的
生命力。康抓住古典建筑实质
性的精神，把它们运用到自己
的作品中，如南加利福尼亚萨
尔克生物研究所的设计中就能
够见到明显的古典中心对称构
图，在构图中心处，原本古典
建筑应该出现的哥特教堂被一

图 3-44 萨尔克生物研究所

片汪洋取代，虽然没有了教堂的形式，但是非常准确地表现庄严肃穆的宗教
气质（图 3-44）。这种气质即是"不可度量"的永恒性和人性的表达。

3. 印度管理学院艾哈迈达巴德分院

印度管理学院（Indian Institutes of Management，简称 IIM）是由印度总理拨款
兴建的综合性商业经济类院校。印度管理学院有 6 所分校，分别位于艾哈迈达巴德、
加尔各答（Kolkata）、班加罗尔（Bangalore）、勒克瑙、印多尔和科泽科德。路易斯·康
设计的印度管理学院位于艾哈迈达巴德，这是一座位于古吉拉特邦的城市，是印
度重要的西部商业城市，作为印度第 6 大城市人口近 600 万。

印度管理学院是由路易斯·康在 1962 年至 1974 年之间设计完成的，整个设
计过程持续近 13 年，期间历经多次修改与深入完善。路易斯·康在设计中充分
考虑了基地的气候、地理条件以及场所精神，在多次深化的草图中均体现了整体
的秩序、几何形式的逻辑性等结构主义哲学思想。

1）校园规划

印度管理学院功能包括教室、办公室、图书馆、学生宿舍、食堂、教师住宅、
工人住宅和市场等功能，其中教室、办公室、图书馆、食堂被路易斯·康统一在
教学建筑综合体中。教学综合体（图 3-45）是整个校园的核心部分，在校园中起
控制与统率作用，其形式简化为简单的矩形，具有较强的标识性。学生宿舍（图
3-46）被设计为单元式的重复组合，每个单元形状为矩形以及切角矩形组合，学
生宿舍整体呈 L 形环绕在教学综合体东南面。学生宿舍的南面隔着湖与教师住宅
遥遥相望，住宅群体正交的组合形式可看做教学综合体的外部发散。

印度管理学院分成三个主要分区：教学综合体、学生宿舍和教师住宅。路易

图 3-45　教学综合体的中心庭院　　　　图 3-46　学生宿舍

斯·康用平面上的几何形状的区别以及道路系统的划分，将三个分区能够清晰地区别开来，主要分区之间在结构上形成等级体系，随着向外的延伸，私密性逐渐增强。在学生宿舍与教师住宅之间，路易斯·康设计了 L 形湖面，它将教师住宅与学校主体进行了一定的分离界定，因为在路易斯·康的观念中学生宿舍同样也可以是学生学习交流的地方，它与教学综合体建筑的联系相对紧密，这和路易斯·康所主张的"最好的教育应是非正式的"观点相一致。而教师住宅与学生们离得不太远，同时保持一定的私密性，让教师拥有学校生活之外的空间，享受家的温暖。

在印度管理学院的校园规划（图 3-47）中，路易斯·康在将主要分区清晰地按等级排列的同时，又通过一条南北方向的 45° 斜向的控制线将整个校园统一起来。学生宿舍区近似沿着这条 45° 控制线对称排布，像翅膀一般向两边发散，教学综合体的入口楼梯和这条控制线正交垂直，在总平面上强调了入口的位置，教师住宅又是平行于控制线的方向的，三个区域在局部上存在了相互依存的关系[1]。除了这条 45° 控制线，方格网在规划中也发挥了作用。教学综合体是矩形的，为总体奠定了一个方格的基调，学生宿舍被安置在均质的方格网之中，18 个单元被均匀地分布在方格中，这样宿舍楼的外墙就顺着综合体矩形的方向，而教师住宅的院落在轮廓线上也与教学综合体相同，整个校园通过方格网和 45° 控制线被紧密地变成一个整体。校园几何形式的分离和统一，充分表现了路易斯·康对形式的把握，他通过几何的形式控制将建筑如同棋盘里面的棋子一般很自然地放到它们应该在的位置。

---

1 周扬，钱才云 . 论印度管理学院设计中折射出的结构主义哲学思想 [J].A+C，2011（08）:93-95.

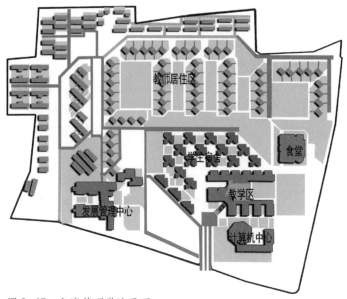

图 3-47　印度管理学院平面

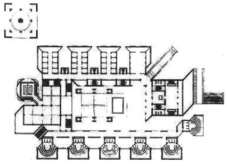

图 3-48　教学综合体平面

图 3-49　教学综合体入口台阶

2）主要分区

教学综合体（图 3-48）是校园中的主体建筑，众多功能环绕中心的室外庭院规则布置，位于南侧六个相同的矩形教室由回廊串联起来，对应的北侧是四个尺寸相同的教师办公室。主入口（图 3-49）位于教师办公室的东侧，阶梯入口以45°的角度插入正交的建筑综合体，在教学区中占重要地位的图书馆则位于主入口大厅的东侧，和图书馆相对的是餐厅厨房部分，整个建筑群因此形成了双向对称的形式。教学综合体的主要交通空间与交通核心均分布在庭院四周，不仅起到联系各部分功能的作用，而且将联系和功能分区理性地划分，充分体现了"服务"与"被服务"的理性空间结构划分的观念。主入口处保留了原先的一颗芒果树，在印度芒果树被视为神圣而不可砍伐的，因此入口被赋予了"神圣"的精神象征。

学生宿舍的每个单元都相同，单元和单元之间排列紧密，这样能够让一个建筑物成为另一个建筑物的遮挡物，特别是在太阳西晒的时候，能够在另一栋建筑物及两者之间形成大片的阴影。宿舍区由坡道（图3-50）进入，缓缓抬高的坡道不仅起到引导作用，也起到强调作用，形成高低落差。艾哈迈达巴德西部和北部都是沙漠，主导风向是西南风，宿舍单元的一些主要房间面向主导风向，西南方向的建筑立面开半圆形大洞（图3-51）。这样在单元之间形成穿堂风，带走大量的热量，同时在开洞处设计了廊道，起到了遮阳作用。而在阳光强烈的方向上，外墙则不开任何孔洞。通过对通风和遮阳的把握，宿舍变得宜居。宿舍单元外部以相同尺寸的方形庭院为核心，外部空间和建筑通过边界限定，相同大小的尺寸划分实现了整体的和谐和秩序。"几何学的比例和形式可以超越时空的限制，摆脱表面上的'风格'的运用而深入到空间创造的本源。"虽然路易斯·康坚持使用诗化的设计法则，但是几何学在他的作品中占有重要的地位。路易斯·康在《建筑形式》（Architectural Forum）1966年7—8月刊上曾经发表的一段话可以代表他对几何学的认识："自由的线是最令人着迷的。铅笔和意识偷偷地想让它们生存下来。更加严格一些的几何学把它们领向直接的计算，把任性的细节放在一边，它喜欢结构和空间的简单，这样可以便于它不断使用。"

图3-50　宿舍区坡道

图3-51　宿舍楼墙面开口

3）形式和细节

印度管理学院所有建筑都采用红砖为
材料，红砖砌筑后不抹灰，直接裸露在外，
让建筑表现得更加亲和。门洞上的过梁（图
3-52）也被完全暴露在外面，这反倒成了
立面上的装饰。路易斯·康偏好于将建筑
在建造过程中留下的痕迹直接保留下来。
在形式上采用了半圆形、圆形以及矩形的
几何形式，起到了在局部统一的效果，几
何形的孔洞一般在迎风面，阳光直接照射
的立面上则开洞很小，有时候为了呼应圆
形孔洞，会将墙砌筑出半圆形的痕迹。

路易斯·康的"静谧和光明"的思想，
在印度管理学院得到了充分的体现，他用
层叠的拱（图3-53），不仅提供了阴凉，

图 3-52　外露的过梁

而且在印度强烈的阳光照射下，形成了梦
幻迷离的光影效果，让校园在光的渲染下蒙上了神秘的色彩。在教学综合体办公
室和办公室之间，都种植了大树（图3-54）。当人们站在廊道的阴影里，透过红
砖砌成的拱，看到浓绿的大树在阳光下闪闪泛光并且投下星星点点的斑影的场景
时，会产生一种莫名的宁静感，生出一些莫名的感动。说不好为了什么感动，也
许这就是"静谧和光明"的双重作用吧。

图 3-53　层叠的拱

图 3-54　透过门洞看树

4. 对印度的影响

路易斯·康对建筑有着独特的理解。他从哲学的层面思考建筑，认为建筑是大宇宙中蕴含的小空间，可以说是浓缩的宇宙；他将建筑归为信仰范畴，认为建筑师应该从信仰的角度去定义建筑。印度虽然是个贫穷落后的国家，但是最不缺乏的就是信仰，它充满了宗教的神秘氛围。在这样的一个国度。路易斯·康的建筑理论得到了最大限度的发挥，通过印度的宗教文化和人民的宗教信仰，康所重视的场所精神得到了体现。建筑的象征性和精神内涵达到永恒。路易斯·康对印度的影响是不可磨灭的，他为印度的现代建筑注入了宗教信仰的力量以及永恒的血液。

第四节　其他建筑师的实践

1. 约瑟夫·艾伦·斯坦因

约瑟夫·艾伦·斯坦因（Joseph Allen Stein，图 3-55）是一位美国建筑师，也是 20 世纪 40—50 年代在美国旧金山海湾地区建立区域现代化的主要人物之一。1952 年斯坦因来到印度，因在印度设计了几个重要的建筑而出名，其中最著名的是在德里市中心的卢迪地产（Lidhi Estate）。如今以他的名字命名的"约瑟夫·斯坦因路"，仍然是德里唯一以建筑师命名的道路。

图 3-55　约瑟夫·艾伦·斯坦因

斯坦因毕业于伊利诺伊大学建筑系，曾经在纽约和洛杉矶的建筑事务所工作，后来在旧金山成立事务所。在洛杉矶他设计了很多加利福尼亚风格的住宅，后来对低收入住宅产生兴趣，开始致力于为中产阶级和工薪阶层设计更好的居住建筑。1950 年，随着朝鲜战争的爆发和麦卡锡主义的兴起，斯坦因想找个能够更自由地表现建筑才能的地方，因此离开美国。起先他去了墨西哥和欧洲，最后在 1952 年来到了印度，在印度加尔各答的孟加拉工程学院（Bengal Engineering College）教书。1955 年开始，斯坦因在新德里和另一位美国建筑师本杰明·波尔克（Benjamin Polk）一起工作。之后，斯坦因将"加利福尼亚现代主义"风格带到在德里设计的几栋建筑上，包括福特基金会总部（Ford

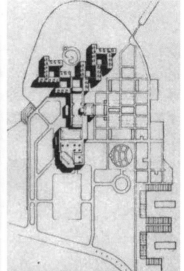

图 3-56 克什米尔会议中心　　　　　　图 3-57 克什米尔会议中心总平面

Function Headquarters）、印度国际中心（India International Centre，IIC，1962）等。1992 年，他被授予印度卓越成就奖和印度第四最高等级公民奖，以表彰他在印度所作的贡献[1]。

　　克什米尔会议中心（Kashmir Convention Center，图 3-56、图 3-57）是由斯坦因和多西（Doshi）以及巴拉（Bhalla）一起设计的。它是一座坐落在著名风景区达拉湖畔的现代化建筑，建筑、庭院和景色巧妙地融为一体。建筑分为几个体块，体块之间用连廊连接，围合成似连似分的庭院。朝向湖面的部分设计成灰空间——柱廊，这样就将室内部分延伸到湖面，将湖光山色引进到建筑内部，让建筑和环境相互渗透、相互融合。会议中心的主要功能包括：1 个 600 座的礼堂、3 个 250 座的会议厅、6 个 20～80 座的会议室以及休息室、展览厅，还有印刷、电视、广播等设施空间，除此之外配套旅馆、餐厅、咖啡厅、银行和商店等。

　　印度国际中心（1962 年）是一组东南亚风格的建筑群，位于新德里，在外观设计上，斯坦因运用混凝土百叶、阳台和连续拱券屋顶，创造出典雅、和现代结合的建筑。在平面上，斯坦因运用庭院，让布置流畅，又有利于遮阳和通风。建筑细部上，采用了伊斯兰的建筑元素[2]。

1 Joseph Allen Stein[DB/OL]. (2014).http://en.wikipedia.org/wiki/Joseph_Allen_Stein.
2 斯坦因.克什米尔议会中心[J].世界建筑，1990（06）.

2. 爱德华·斯通

爱德华·斯通（Edward Durell Stone，图 3-58）是 20 世纪美国建筑师，美国现代建筑早期的倡导人，现代主义建筑中典雅主义代表人物之一。

斯通在阿肯色大学就读艺术时被艺术学院的院长鼓励学习建筑，后来他在波士顿建筑学校、哈佛大学和麻省理工学院学习建筑，尽管如此他并没有获得学位。1927 年，在马萨诸塞州读书时他获得了游历奖学金，因此得到机会去欧洲和北非旅行，这对他后来的古典主义风格具有很大影响。1937年，斯通设计了纽约第一座国际风格的建筑——现代艺术博物馆。

图 3-58　爱德华·斯通

斯通的建筑具有个性，手法始终如一，在致力于理性的同时，还专注于在现代建筑上运用传统美学法则，使现代建筑材料和结构规整，具有端庄和典雅之感。在后期的建筑生涯中，他反复使用从古典主义派生出来的设计手法和建筑语汇。

1955 年设计的新德里美国驻印度大使馆（图 3-59）是斯通建筑生涯的一个转折点。斯通在设计美国大使馆的时候，认真研究了印度的瑰宝——泰姬陵，从泰姬陵上汲取灵感，体现了对印度文化的尊重，被尼赫鲁称为"把印度文化和现代技术结合在一起"。美国驻印度大使馆建筑群包括使馆主楼、大使官邸、办公楼以及其他附属用房。主楼为两层高的长方形建筑，坐落在一个不高的平台上，平台下是车库。主楼为了适应印度炎热潮湿的气候，设计了 14 英尺深的屋檐，用 25 根镀金钢柱围成柱廊，柱廊的形式不禁让人想到欧洲古典主义建筑。柱廊内侧是白色镂空陶砖砌成的幕墙，幕墙的运用就是对印度"迦

图 3-59　美国驻印度大使馆主楼

利"这一形式的提取，两层高的相同的镂空幕墙让大使馆在视觉上成为一栋简洁的单层建筑。幕墙内侧是玻璃墙，起到透光和一定的隔热作用。屋顶采用隔热的中控双层屋盖 [1]。

大使馆使用了泰姬陵水池的元素，主楼前设有一个圆形水池，水池配以热带乔木、灌木，池中有小岛中间有喷泉。主楼内部有一个中庭，中庭形成的内部小环境对围在它周围的房间有一定的降温作用，中庭上空悬挂网眼铝合金薄板，阻挡了一部分阳光。

小结

在印度独立初期，西方建筑师来到印度，结合印度的地域特点创作出一批优秀的建筑。他们在印度进行创作的几年间和印度建筑师合作，对印度建筑师的创作思想有很大的影响。劳里·贝克尊重印度传统，关心普通民众生活，结合印度社会的特点，提倡低造价、低技术的建筑，对印度农村建筑发展产生很大影响。柯布西耶作为一位现代建筑大师，规划设计的昌迪加尔城市建设是印度现代建筑开始的一个标志，对印度现代建筑的发展有着广泛而深远的影响。他将现代建筑思想和印度本土环境相结合进行创作，其思想影响了印度本土一批优秀建筑师，如 B.V. 多西，在多西早期的建筑设计中，能很容易地捕捉到柯布西耶的影子。路易斯·康用自己独特的建筑理解，将建筑提升到哲学层面进行思考，在印度这样一个宗教文化丰富多彩、宗教信奉广泛的国家，康的建筑理论得到了最大限度的发挥，他为印度现代建筑注入了长久的精神血液。

---

1 胡冰路.美国驻印度大使馆[J].世界建筑，1989（06）.

第四章　印度本土建筑师探索期

印度在 20 世纪五六十年代受到西方建筑师的影响，大概在 60 年代印度一批出色的本土建筑师开始受到关注。这些建筑师很多都有留学经历，受到了西方教育体系和当时流行在西方的现代主义建筑思想的影响。他们在印度急需现代化的时候，回到祖国投入现代化建设中，将从小受到的印度本土价值观和长大后接受的西方现代主义建筑教育结合，探索更适合印度本土文化和生活方式的设计方法。他们从传统长期积淀的建筑文化中挖掘出财富，融入现代生活需求，设计出符合时代潮流的建筑设计和适合印度环境、经济背景以及文化价值的质量卓越的现代建筑，其水平可以和当今世界各地最优秀的作品相媲美。

查尔斯·柯里亚是一位著名的印度建筑师，他综合了自己对印度古老文化的深刻理解、对印度人民的人文关怀、对印度炎热潮湿的热带气候的认识以及印度当时所处的社会条件，在建筑理论方面提出了"形式服从气候""对空空间""管式住宅"等重要的概念。他的建筑作品也在方方面面体现他的建筑理论。早期成名建筑圣雄甘地纪念馆拥有丰富而灵活的空间、适宜的尺度、幽静的环境，让游客在建筑中也可以体会到圣雄甘地节制、平和的人格魅力。孟买的高级公寓干城章嘉公寓采用了印度古老的游廊的组织方式，利用错层的空间形态营造适合于孟买的公寓形式。为了能够在室内引进孟加拉湾的海风，建筑选择面朝西，两层高的阳台成为室内起居空间的延伸。

B.V.多西是印度很有影响力的一位建筑师，和柯布西耶、路易斯·康都有过合作，对印度建筑教育界也有巨大的影响，可以说对印度后来年轻代的建筑设计师的影响也很大。他早期受柯布西耶影响，使用柯布西耶式的混凝土作为材料来表现建筑，后来在不断的创作过程中推陈出新，从印度传统神庙建筑中汲取养分，用其独特的"新印度建筑"表现还处于模糊不定的印度当代建筑。他将多种材料如红砖、碎瓷片等用于建筑上，在 CEPT 建筑学院的设计上采用开放的布局，将室内和室外同时作为教育场所，使室内外相互渗透，建筑与自然交融合一。在侯赛因—多西画廊的设计上引进原始洞穴的母题，又加之于碎瓷片，创造了一个似外来生物又似原始洞穴的大胆有趣的建筑。在他自己的工作室设计上，他用连续拱券和水渠等构成元素，将工作室一半埋在地下，在炎热的环境下营造了一个凉爽的空间。

另外一位建筑师拉杰·里瓦尔认为，建筑设计应该是传统和现代创作原则的结合而不是形式的结合。在印度国会图书馆的设计中，里瓦尔采用了印度传统体现宇宙观的曼陀罗图形，作为建筑母题进行设计，创作出现代和传统结合的优秀建筑作品。

在 20 世纪 60 年代开始执业的这些优秀本土建筑师中，很多建筑师都试图将印度本土文化和现代化进行结合，创造出具有印度特色的现代建筑。在尝试和试探中，印度本土出现了一批优秀建筑和杰出的建筑师。

第一节　查尔斯·柯里亚

1. 生平简介

查尔斯·柯里亚（Charles Correa，图 5-1）是世界著名的印度建筑师，1930 年出生在印度，曾留学美国，在密西西根大学和麻省理工学院（MIT）学习建筑学，因此受到西方建筑文化浸染。在底特律的时候，他曾经为设计过世界贸易中心的日裔美籍建筑师雅马萨奇工作过。最终，在 1958 年，他选择回国并且在孟买成立建筑事务所——建筑都市设

图 4-1　查尔斯·柯里亚

计事务所（今天的"柯里亚建筑事务所"前身），开始独立执业。20 世纪 50 年代的印度刚刚独立不久，是一个全新而又古老的国家。它拥有悠久的历史文化，同时又到处充满了希望和挑战。而此时的孟买是印度最为特殊的城市，充满了发达国家的激情，又富有贸易中心的魅力。在第二次世界大战期间，孟买成为印度的建筑思想中心，众多代表"先进设计思想"的英国建筑事务所都设立于此。

柯里亚是一位建筑师、规划师、理论家和社会活动家，他的大部分作品都在印度国内。他从圣雄甘地纪念馆开始成名，还设计了斋浦尔艺术中心、博帕尔国民议会大厦、干城章嘉大楼等建筑。在城市规划方面，柯里亚也有一定成就，在1970—1975 年主持 200 万人口的"新孟买"规划，他很重视建筑和城市规划的紧密结合。1985 年，柯里亚受印度前总统拉吉夫·甘地委托，担任国家城市建设部主席。

柯里亚不仅在建筑和规划方面取得成就，他同时也是一名教育家。他除了在印度的大学执教之外，还在麻省理工学院、宾夕法尼亚大学、哈佛大学、华盛顿

大学、伦敦大学、剑桥大学等著名学府的讲台上执掌教鞭。

迄今为止，柯里亚获得很多荣誉和奖项，主要奖项包括：1972 年印度总统颁发的国家奖（Padma Shri by the President of India）；1979 年美国建筑师协会荣誉会员；1984 年英国建筑师协会金奖；1990 年国际建筑师协会金奖（Gold Medal of International Union of Arthitects）；1994 年日本高松殿下奖建筑奖；1998 年获得伊斯兰世界最重要的建筑奖——阿卡汗建筑奖等 [1]。

在查尔斯·柯里亚 40 多年的建筑设计中，他认识到印度大陆的局限性，但是他并没有否定这种局限性，而是把印度的传统价值、当时的社会背景以及环境特色当做一种机遇。柯里亚曾经用毛泽东和甘地两位政治伟人作为例子来讨论对于传统的看法，因为在这两位伟人看来，一个想法无所谓是新还是旧，更应该注重的是适用与否。从柯里亚的作品中，我们可以看到现代建筑的痕迹，又可以看到印度传统建筑的样貌，甚至是民居的构成模式。对于柯里亚的建筑而言，它们是生长在印度的，是被印度的气候环境、文化传统滋养长大的。

2. 建筑理论

查尔斯·柯里亚的建筑以印度的文化、历史、气候环境等因素为语汇基础，他提倡使用当地建筑材料如石材、砖，通过简单的砌筑模式构成起来，运用传统的空间特色和现代的技术把建筑材料巧妙搭配组合，建造出不一般又富有诗意的现代建筑。柯里亚的建筑语汇不仅是现代的，而且源自印度社会中很多传统价值，所以也是本土的。他将现代和传统两种近似对立的性质平行处理，基于传统的形式发展出现代化的景象，使现代建筑以一种符合印度国情、适合热带国家的气候条件等自然环境的全新形象出现。

柯里亚的建筑范围非常广泛，包括从低收入者的住宅到高级酒店，从纪念性建筑到高层住宅，从单体建筑设计到城市规划。他将新和旧、纪念性和文化性、创造式和借鉴式相互融合，为持久的建筑创作提供供给。柯里亚早期的建筑围绕着形式服从气候（Form Follow Climate）的设计理念，运用管式住宅（Tube House）和对空空间（Open to Sky Space）两个概念展开，成熟期的建筑融合了曼陀罗宇宙观的设计思想，这些思想形成了丰富的建筑理论 [2]。

---

1 Charles Correa[DB/OL].（2014）.http://en.wikipedia.org/wiki/Charles_Correa.

2 叶晓健.查尔斯·柯里亚的建筑空间 [M].北京：中国建筑工业出版社，2003.

1）形式服从气候

1969 年，查尔斯·柯里亚发表了一篇题为《气候控制论》的论文，文中从印度具体的气候条件出发，针对不同的建筑，结合自己的建筑创作实践经验，提出了相对应的解决问题的建筑类型。在论文中，他敏锐地切入到印度现代建筑发展的实际问题，提出了 5 个非常具有实用价值的概念。概念一：围廊，围廊空间是一种灰空间，是坡顶结构结合支撑柱廊形成的一种半开放的空间，提供了室内额外的进深，防止日晒的同时又保持良好通风。概念二：管式住宅，它是一种狭长的住宅模式，在高密度的条件下，给住户提供尽可能多的生活空间，通过侧光和顶光，在多层内部设置贯通空间和内部庭院，改善内部环境。概念三：中央庭院，提供额外的流通的空气和足够的采光，同时又形成相对而言封闭的内部环境。概念四：跃层阳台，用于炎热潮湿地区，引入两层高的阳台作为花园平台，进一步发展为室外起居室，花园平台起到了延伸室外又保护室内私密性的作用。概念五：一系列分离的建筑单元，散开的建筑各个部分，通过开放空间或者覆盖的空间连成一片。1980 年，柯里亚对住宅和气候关系进行了更进一步的阐述，他在《形式追随气候》一文中，进一步阐述了形式和气候之间相互依存的关系。

2）管式住宅

管式住宅（图 4-2、图 4-3）的概念于 1960 年提出，目的在于推动低收入者的住宅建设。管式住宅在进深相对狭长的室内空间中，通过半开放的空间来达到改善内部空间质量的效果，狭长的墙壁起到抑制热辐射的作用[1]。

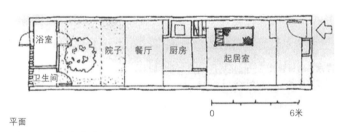

平面

图 4-2　管式住宅平面

图 4-3　管式住宅剖面

1　叶晓健.查尔斯·柯里亚的建筑空间 [M].北京：中国建筑工业出版社，2003.

管式住宅是由古吉拉特邦住宅委员会主办的一次竞赛的参赛作品，该住宅设计获得了全印度低造价住宅设计竞赛一等奖。室内的热空气顺着屋顶斜面上升，从顶部的通风口排除，新鲜空气被吸入室内，从而建立起自然通风系统。同时，还可以通过大门旁边的可调节百叶来调节控制。管式住宅的原理类似于烟囱的通风管道，热空气通过通风口被排除，冷空气被吸入后沉降，向下流动，流动的过程中形成自然风，降低室内空气温度。

柯里亚对管式住宅的概念进行充分的发展，把它作为集合住宅整体规划的构成要素，进一步发展成为底层连续性线状的空间模式。

3）对空空间

对空空间是一个普遍存在的空间概念，它没有建筑构件遮挡，完全对天空开放。对空空间广泛存在于印度传统建筑和民居中，在印度传统建筑中有多种表现形式，印度语 Chowk（中庭）、Kund（水池）和 Vav（台阶式水井）都是类似的空间。对空空间对于低收入者来说是一个特别的空间，它利用屋顶平台为低收入者提供了额外的空间。柯里亚把最基本的对空空间提升到建筑理论的高度，Open to the Sky（面对天空）表达了一种建筑对天空开放，吸纳阳光、空气和微风的含义，暗示建筑空间不封闭。柯里亚的对空空间是通过建筑构造体现的，他说："德里和拉合尔伟大的清真寺的主要空间是通过大面积的开放空间组合而成，这些开放空间被多样的建筑形式围合起来，让人感觉置身于建筑之中。开放空间的阴阳关系形成图底关系，起到了让视觉在围合体量之间停顿的作用，这种模式不仅为集中休息提供了方式，而且也为流线变动创造了机会。"

3. 建筑实例

1）圣雄甘地纪念馆

圣雄甘地纪念馆（Gandhi Smarak Sangrahalaya，1958—1963，图 4-4、图 4-5）位于印度西部一个重要的工业城市艾哈迈达巴德，是柯里亚独立设计开始的第一个重要项目，也是他的成名之作。圣雄甘地纪念馆被认为是将甘地精神和现代建筑手法相结合最成功的例子。甘地曾经说过："我希望我的住宅没有墙，让世界各地的自由之风可以吹进来。"而柯里亚设计的这个纪念馆尊重了甘地的思想，是一个敞开的空间，几乎没有墙。

纪念馆的入口在圣雄路上，但是建筑场地入口没有和建筑入口直接相对，参

图 4-4　圣雄甘地纪念馆　　　　　　　图 4-5　纪念馆总平面

观者要经过转折的路，从通向祷告平台的石路上进入纪念馆，在波折游走之间，对纪念馆产生深切的期待。在进入纪念馆入口前的曲折道路上，可以看到"三不猴"（图 4-6），一只猴子捂着眼睛，一只捂着嘴巴，一只捂着耳朵，这是由于圣雄甘地经常以三不猴的形象来传达"不见恶事，不听恶词，不说恶言"的教导。

　　纪念馆由 51 个 6 米 ×6 米的带有金字塔形屋顶的单元组成，采用混凝土预制材料有机地组合在一起。像传统印度村庄一样，房屋随意地摆放着，围绕着若干条道路，给人以开放感和随性感。其中一些单元用墙体围合成为房间，一些单元下陷为水池或者成为空出来的虚的存在，使人们在甘地纪念馆的虚实间徘徊。在这里，建筑成为一种工具，空间通过建筑表达出来。纪念馆临着河，这条河分割着艾哈迈达巴德，将城市分成两半，一边是新城，一边是旧城。河面的风吹来，在纪念馆的庭院和没有墙的单元中吹过，湖面、绿化和建筑融为一体，形成了富有魅力而又平易近人的场所。

图 4-6　纪念馆入口处的"三不猴"　　图 4-7　木质百叶窗

这座纪念馆没有玻璃窗，通过手动的木质百叶窗（图4-7）采光通风。虽然艾哈迈达巴德地区干旱炎热，但在纪念馆内也不会觉得燥热。房间内部采光有些昏暗，内部空间却非常的亲切，透露着浓厚的乡土气息。从昏暗的房间走到开敞的没有墙的单元，即从昏暗走到光明，有一种从冥想到现实之感。

甘地纪念馆全面地收藏了甘地30 000多封信件、电影胶片资料、文献以及他的秘书编辑的几百卷档案。这是一所免费的纪念馆，在印度免费的纪念馆并不多见，这是为了让甘地精神传播得更远。在这里可以看到印度人三三两两坐着看展览或者坐在庭院里闭目冥想。纪念馆的展览方式比较自由、松散，没有循规蹈矩的流线，而是让参观者可以自由地选择参观的顺序，没有墙的单元不方便展览，便在粗大的柱子上悬挂历史照片和文字介绍或者设置一些可以移动的展板。主要的展览空间是围合的空间，墙上和展台都展示着甘地的生平和思想。

2）干城章嘉公寓

位于孟买的干城章嘉公寓（Kanchanjunga Apartments，1970—1983，图4-8）是著名的高级住宅和商业区之一，它的名字来源于喜马拉雅山脉第二高峰，公寓位置紧邻着半岛通向机场的主要道路。孟买是印度的经济中心，高楼鳞次栉比，天际线连绵，车流络绎不绝，但是其本土化的元素越来越少。柯里亚在设计这座高楼时试图从环境气候、空间功能和景观等因素考虑。干城章嘉公寓采用高楼的形式主要有两个原因：首先是因为地段内有一片具有保留意义的1930年的老式平房，因此用地受到很大的限制；其次是为了尊重这个黄金地带已经形成的具有历史性的惯例。

图4-8　干城章嘉公寓

建筑总共有32套住房，以三卧室（142平方米）和四卧室为主，分为七种以上户型，每户都有一个二层高的阳台。建筑整体平面近似正方形（21米×21米），共27层，高85米[1]。干城章嘉公寓的设计受到勒·柯布西耶的马赛公寓的影响，

---

1 叶晓健.查尔斯·柯里亚的建筑空间[M].北京：中国建筑工业出版社，2003.

马赛公寓采用了"L"形复层住宅和大进深来避免法国南部夏天猛烈的阳光直射。干城章嘉公寓属于塔楼式住宅，第一、二层是商业，以上是错层住宅（图4-9），柯里亚从柯布西耶的设计中获取灵感，来解决炎热潮湿的热带地区的高层住宅的设计问题。公寓的主要朝向以东西向为主，这是由孟买的气候决定的，朝西的方向可以吹到凉爽的阿拉伯海风，而且拥有最好的景观，西向是孟买最引以为傲的海滨以及海滨周围豪华的建筑群，朝东是风景如画的阿拉伯海。该建筑采用东西向的布局方式，每层围绕着电梯间对称布置两户，每户占据纵向两个狭长开间，东西贯通，能够获得很好的穿堂风。柯里亚为了使剖面（图4-10）设计得更有利于通风和遮阳，采用半跃层形式的交错布局，每户设计朝西或者朝东的层高两层的大花园阳台。大阳台的存在很适合当地居民的生活习性，在炎热的夏天或一天的清晨、傍晚，很多居民把阳台当做居室或者卧室使用，因此阳台成为每户的主要生活起居空间，如同印度传统住宅中的露天庭院一般。同时，两层的花园平台还成为室内和室外的一个缓冲空间，可以起到一定的遮挡阳光和雨季季风的作用，营造一个宜人的环境。

在建筑技术方面，干城章嘉公寓采用了当时（20世纪70年代）先进的钢筋混凝土滑模技术，是印度第一座采用这个技术的高层建筑。公寓外形简洁而不单调，错开的转角阳台打破了高层公寓常有的千篇一律，给孟买这座城市带来了全新的面貌。这幢大楼在当时"既新潮，又有印度风格"。

3）中央邦博帕尔国民议会大厦

作为中央邦博帕尔的国民议会大厦（Vidhan Bhavan Government Building，图4-11、图4-12），柯里亚的这个建筑除了功能性以外，还不得不考虑采用一种处

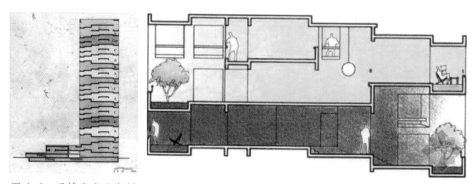

图4-9 干城章嘉公寓剖面　　　　　　图4-10 干城章嘉公寓单元剖面

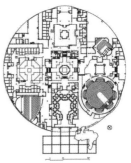

图 4-11　博帕尔国民议会大厦　　　　　　图 4-12　博帕尔国民议会大厦平面

处洋溢着永恒象征力量的形式。查尔斯·柯里亚和他的同事在 1980 年赢得议会大厦的竞标，但是直到 1983 年才动工，由于局势动荡，主体建筑的完工被推迟到 1997 年 [1]。这个非常卓越的建筑建成时，不仅为博帕尔邦的当地政府，而且为整个印度展示了自信心。当时，对于印度来说自我意识在设计中是一个相当明显的存在，它成为整个拥有复杂历史的国家的推动因子，传达令人深刻的时代精神，成为人们关注的焦点，并且在实现形式上达到永恒。面对难以准确估计建成时间这一个现实问题，博帕尔国民议会大厦完全避开了流行趋势，才能在竣工的时候没有失去表现力。

柯里亚融合了印度传统和现代抽象这两个元素，因此能够保持典型的印度甚至是亚洲特征，同时也能轻松地成为其他文化模式，这里文化历史可以看做和用做未来进程的延续。国会大厦作为印度当下历史中一个受人尊敬的建筑件品，它的设计过程是清晰明了的，主要不是由分析功能而得出形式，而是由一个主要形式演变出来设计，用西方的术语来说可以称之为"后现代主义"。

这个设计的出发点是曼陀罗图形，曼陀罗图形象征宇宙，图形被分为九个方块，象征七个真实的星球和两个神话的星球。这个印度古老建筑中的伟大图案在过去的几个世纪中不断变化，成为一个精神参考。现在这个符号已经发展成为查尔斯·柯里亚设计词汇中的首选，并在他的斋浦尔艺术中心得到了应用。但是中央邦博帕尔国民议会大厦没有用完整的曼陀罗图形，而是截取了曼陀罗图形的片段。柯里亚围绕广场设计了一个圆弧，弧形并不完整，存在缺角。圆弧在建筑中

1 Klaus Peter Gast.Modern Traditions—Contemporary Architecture in India[M].Germany:Brikhauser Verlag AG, 2007.

占主导地位，最终形成环绕建筑物的外壁。
这座建筑中的功能合区也服从于曼陀罗结
构：下院的大会议室作为环形数字大厅，
上院的小室作为一个斜放的正方形；内阁
区域有大厅、院子和办公室、图书馆、行
政区域（包括部长办公室）和一个大院子，
公共庭院和中央大厅处在中心地带。建筑
是轴对称的，对称轴通过三个主要的不同
人流（图 4-13）入口进行强调。东南边

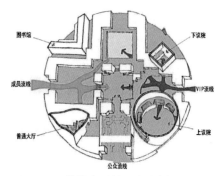

图 4-13　博帕尔国民议会大厦主要流线

的主入口是公众流线，VIP 入口在东北边，下议院入口在西北边。很明显，柯里
亚不是盲目地结合曼陀罗图形，而是灵活运用。子部分是在必要的尺寸上成型的，
例如内部的方形下院甚至突破圆形的外墙，图形的刚性被打破，多重几何形图形
成动感，充满不对称的跃动。开放空间成为子空间的中心，保持重要的母体秩序，
用它们的焦点形成次中心，各部门围绕着它。每个区域同轴部分的中心院子的基
本功能是作为一个开放或半开放空间，从院子之间的相互关系到它们向天空的开
口，很明显地阐述了查尔斯·柯里亚寓意天空和强烈的阳光以及蓝色调的意图，
这些元素都表现了印度的精神世界。

　　庭院象征了一个古代印度建筑主题，庭院在炎热的气候下直接为房间提供
光和空气，人们能够根据时间自由地选择在室内或是室外活动。庭院是典型的
共享象征，是人们相遇、交流和交往的空间。议会大厦为大众强调出紧接着入
口和石头台阶的庭院，使得人们在等候时就好像进入一个公共冥想空间，在一
个等候空间中形成刺激公众反思的氛围，这在西方文化中是完全不可思议的。
柯里亚用光和影、流动的水创造一个小气候，建立一个有序的空间去体验沿着
政府大楼散步时交替的光影和空气的流动形成的不同程度的刺激，这种刺激在建
筑中部达到高潮。

　　柯里亚的设计暗含着印度教的哲学，庭院花园在开放和关闭间交替，让人回
想起伟大的莫卧儿建筑。曼陀罗这个出色的图案唤起印度佛教的过去。上议院半
球形屋顶象征着一个离议会大厦只有 30 公里的世界遗产——桑契窣堵坡。印度
的精神很复杂，它在历史上多次被征服，但最后都吸收了外来文化的精髓部分，
并且将其融合到本土文化中。这种文化的包容性，在历史建筑中也经常得到体现。

而柯里亚从印度文化中汲取养分，在国民议会大厦中上表现出印度在世界上独一无二的地位和多样性的民族精神。

4）斋浦尔艺术中心

斋浦尔艺术中心（Jawahar Kala Kendra，图4-14）位于斋浦尔南部的新城区，是一座包括展览、

图4-14 斋浦尔艺术中心

图书室、300人多功能剧场和实验剧场等功能的政府性综合文化机构。这座艺术中心是受拉贾斯坦邦委托、为纪念尼赫鲁总统而设计的。

斋浦尔是印度一座古城，被称为"粉红之城"，整座城市以粉红色为色调，有很多历史建筑被保留下来。斋浦尔的城市布局是根据曼陀罗图形展开的，城市被分成9块800平方米的正方形。所以柯里亚在设计斋浦尔艺术中心时，充分考虑了和老城的关系，在平面布局、空间构造甚至是材料和色彩上都做好考虑[1]。同时，在建筑中成功地体现了曼陀罗的宇宙观，通过建筑空间暗示浩瀚的宇宙奥秘，展现了印度传统文化的迷人魅力。

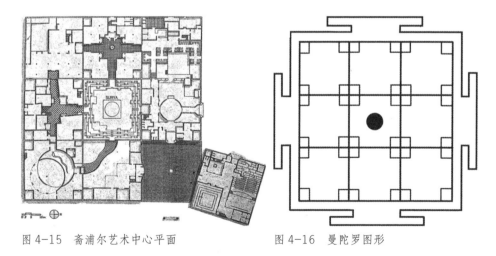

图4-15 斋浦尔艺术中心平面   图4-16 曼陀罗图形

1 洪源. 以斋浦尔艺术中心为例谈传统空间的当代传承[J]. 山西建筑，2010，136（21）:15-16.

图 4-17　斋浦尔艺术中心主入口

图 4-18　斋浦尔艺术中心星相示意图

　　斋浦尔艺术中心的平面（图 4-15）采用印度古老神秘的曼陀罗图案（图 4-16），分为九个方格，将其中一个方格（相当于木星的星相，作为多功能剧场的部分）被抛出九宫格之外，和九宫格形成一定角度，而转动退让出来的空地则作为建筑的主入口（图 4-17），让原先规整的曼陀罗平面变得生动活泼，同时起到突出入口的作用。九宫格中间的方格作为中央庭院，在周围实体方格的围绕下，以虚的方形的存在统领整个建筑，成为建筑的中心。

　　曼陀罗九宫格的不同方块分别代表不同的星球（图 4-18），并有各自的象征意义和代表符号。西南方块代表一颗神秘的彗星（Ketu），它象征愤怒，代表符号为蛇。这块方格的功能是用于手工艺品和珠宝展示厅，方格的中间是一个庭院，四周是室内展厅，通过室外坡道，可以穿过庭院直接到达二层。

　　正南方块（图 4-19）代表土星（Shani, Saturn），象征知识，符号是弓，土红色表示大地。这个方格有一个贯穿的道路，两侧分布着传统的手工艺作坊，和中央庭院对应的坡道可以通向屋顶平台以及观望塔。

　　东南方块象征修复和贪婪，这个方块运用彩虹色通过两个叠加的圆形代表日食（Rahu）的星座，主要展示拉贾斯坦人的武器和盔甲。

图 4-19　正南方块内院

图 4-20　斋浦尔艺术中心模型　　　　图 4-21　斋浦尔艺术中心室内墙画

方格中有一条水渠流出，和代表木星的图书馆水面相连接。

正西方块代表星座为水星（Budh，Mercury），象征教育，其代表符号是黄色的箭。这个展厅一共有五个美术展示室，一层是珠宝、文稿、音乐器材和微缩展馆，二层则是大空间的展馆，可以用于家具、服饰等介绍拉贾斯坦邦生活习惯和方式的展示。

中央的方块代表星座是太阳（Surya，Sun），象征创造能源，用红色来表现太阳火热的形象。这个方块是个虚无的方块，中间的平台可以用来表演音乐、舞蹈、戏剧演出等。这个方块的形象，是柯里亚从印度古老的阶梯井这种形式中获得的灵感，四周观看表演的台阶形式和阶梯井取水用的台阶如出一辙。

正东方的方块代表星座为木星（Guru，Jupiter），采用的颜色是柠檬黄，象征知识。方块内曲折通道的一侧是图书馆和文件中心，另一侧是水池，其上覆盖着格架，阳光照射下格架在地上投出斑驳的阴影。图书馆的上部空间很开阔，外侧的水面透过玻璃能够映出别样光影效果，富有情趣。

西北方的方块代表星座是月亮（Chandra，Moon），象征浪漫美好，形状是奶白色的新月。这个方块的一层提供餐饮功能，二层提供住宿。二层开阔的平台上可以俯瞰下面的庭院，是交流讨论的好地方。

正北方的方块代表火星（Mnagal，Mars），象征权力，标志是红色的方块。这个方块的功能是作为博物馆的办公区域，一般的办公室和馆长办公室设置在二层，入口设有接待室，顺着台阶走到二楼，可以看到中庭。

东北的方块代表星座是金星（Shukra，Venus），符号是白色的星星，象征艺术。这个方块就是入口处被旋转了方向的方块，其功能是作为剧场和附属空间[1]。

---

1 叶晓健.查尔斯·柯里亚的建筑空间 [M].北京：中国建筑工业出版社，2003.

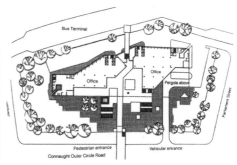

图 4-22 印度人寿保险公司大楼　　图 4-23 印度人寿保险公司大楼总平面

　　九个方块拥有独立的交通体系，彼此独立又相互联系。每个方块布置各自功能，各具特色，但是和相邻的方块都留有开口，这样在建筑中形成了一条交叉的环路，仿佛迷宫一般，每进入一个新的方块都会有一种不同的感觉，刺激着人们的感官。整个建筑采用红色的安卡拉砂石，墙顶部装饰线采用白色多尔普石材，使整个建筑保持和斋浦尔城市一样的色调。九个方格的入口处都标上了它所代表行星的象征符号。

　　5）印度人寿保险公司大楼

　　印度人寿保险公司大楼（图 4-22、图 4-23）也称 LIC 中心，从开工到竣工历时 12 年，建成于 20 世纪七八十年代，地处新德里市中心康奥特环路，在议会街（Parliament Street）和贾恩大道（Janpath Rood）的交叉口，位置非常显眼。它是一座 12 层高的复合型办公楼，大门式的造型成为新德里的重要标志建筑。康奥特路是新德里最繁荣的商业区，处于和旧德里的过渡地段，是重要的交通枢纽。

　　人寿保险公司大楼的裙房为两层，主要功能是商场和餐厅，这里被人们认为是新德里的购物中心。大台阶直接通向三层商务部分的入口，入口前是由高层建筑围合成的面积非常大的城市广场，人们可以穿越高层的广场到达人寿保险公司大楼后面的集市。大楼的高层

图 4-24 连续钢架

部分在广场的两翼，建筑面积达到 63 000 平方米，两个部分通过顶部长达 98 米的巨型连续钢架（图 5-24）连贯起来[1]。钢架由两侧的红色大石墩支撑，整体显得十分轻巧，如同飘浮在空中一般。置身于这个巨大的开放空间里，有一种开阔舒畅的感觉。建筑的外表面使用印度传统的红色石材，不禁让人联想到位于旧德里的红堡（Red Fort）。

人寿保险公司大楼处于新德里和旧德里的交界缓冲地段，代表着新城区南部迅速发展起来的高层新区。巨大的建筑外立面呈 V 字形展开，将建筑前的中央公园的景象都映射在玻璃外立面上。这座楼并没有突兀地矗立着，而是以合适的尺度融入印度人的生活，巨大的建筑如同一座屏障保护着绿地里休闲的印度人。

4. 孟买新城规划

孟买（Mumbai）是印度西海岸的城市和印度最大海港，是印度马哈特拉施特邦的首府。1534 年孟买被葡萄牙占领，1661 年葡萄牙国王将孟买作为公主的嫁妆割让给英国，之后英国在此地设立了东印度公司，将其作为吞并印度的桥头堡。1849 年英国全面占领印度，1869 年苏伊士运河通航，此后孟买由于地理位置的优势变得越来越重要，被称为"女王颈上的项链"。随着铁路的建成和连接海岛和大陆的大堤的修筑，孟买迅速发展起来。孟买成为印度的商业和娱乐之都，拥有众多金融机构，诸如印度国家证券交易所、印度储备银行、印度最大集团塔塔集团总部等。孟买还是印度影视业——宝莱坞的大本营。

孟买在印度西海岸具有得天独厚的地理优势，是西海岸的门户，其东面的德干高原，拥有肥沃的黑土，是印度重要的棉花种植区，这为孟买的纺织工业体系的形成和发展提供了必不可少的物质条件。在交通条件方面，孟买也具有优势，它是印度最大的港口且拥有完善的铁路体系。但是长久以来由于历史和自然条件等因素，印度的西部和南部经济发展较快，而东部发展则缓慢甚至出现停滞现象。

发展不平衡也造成了城市人口的不均衡。马哈特拉施特邦的人口占印度全国人口的 9.33%，集中了全国工业就业人口的 20%。在马哈特拉施特邦内部，由于工业分布不均，人口又高度集中在孟买—塔纳地区。这个地区的面积尚不及马哈特拉施特邦的 0.1%，却集中了全邦工业就业人口的 63% 和城市人口的 41%。1991 年在大孟买城市区（图 4-25）的 1 257 万人口中，孟买岛 68.71 平方公里的

---

1 叶晓健. 查尔斯·柯里亚的建筑空间 [M]. 北京：中国建筑工业出版社，2003.

旧城区就生活着高达 316 万人口，这一地区的人口密度达到每平方公里约 46 000 人，成为当时世界上人口密度最大的地区之一。若再加上大量的流动人口，如季节性涌入城市的农村人口、非正式部门就业人口、不定期流动的商人和旅游人口等，那么孟买的拥挤程度更加严重，每天往返城市和郊区的人口流量极为可观[1]。

人口高度集中，给孟买带来了一系列问题，如地价高昂、交通堵塞、住房紧张、贫困、供水困难和环境污染。第二次世界大战后，大批的难民涌入孟买，给孟买的住房造成空前的困难。而印度出台的房租管制法令闲置租金保持在战前水平，导致私人营造商对建新房失去积极性，又加上地价上涨、建材和劳动力短缺和价格上涨，住房问题日趋严重。房荒的后果是孟买的贫民窟日趋增多。在交通方面，连接南、北两个群岛的两座海堤是市区和郊区的交通瓶颈地段，而工作岗位有 2/3 集中在市区，每天经过两座海堤的人数在高峰期能够达到 100 万。非法修建居民点的问题也很严重，贫民窟的人口剧增，与此同时流浪人口达到 10 余万。这些问题都给孟买城市现代化的发展带来了阻碍[2]。

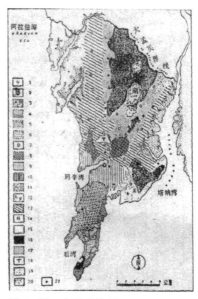

图 4-25 大孟买地图

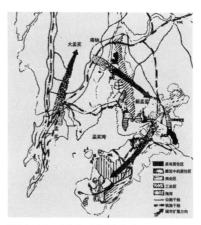

图 4-26 新孟买发展方向

在孟买的城市问题越来越严重之时，当地政府规划要扩大孟买城市，1970 年查尔斯·柯里亚主持"新孟买"（Navi Mumbai）的规划（图 4-26）。参与规划的人还有希利斯·帕泰雨（Shirish Patel）、普拉维亚·梅雨塔（Pravina Mehta）和总规划师亚哈（R.K.Jha）。

1，2 陈传绪.孟买的问题与规划 [J].国外城市规划，1988（01）:35-40.

　　城市的发展一般有两种基本模式：一是呈同心圆向外扩散；二是沿着主要交通轴线呈放射状向外扩散[1]。但由于孟买位于岛屿上，其独特的自然地理环境限制了两种基本发展模式，以前独特的港口优势，如今也成为限制孟买发展的不利因素，四面环水的天然屏障束缚了城市连续向外扩展。

　　为了缓解孟买人口和其他职能，需要扩建新城。1970年，孟买都市区域规划局（BMRDB）完成的规划提出建设一个"新孟买"、和旧城相对独立的方案。建设的新城可以吸纳从旧城疏散出来的人口和企业，缓解旧城压力。兴建新城的同时，对孟买岛旧城实施严格控制，限制其经济职能的进一步扩大，以此来改善城市社会的生活环境。通过限制旧城的就业机会，来控制人口的增长，逐步削弱旧城对人口迁移的吸引力，让新城代替旧城，吸引膨胀的人口。为了刺激新城的经济活力增长，有关部门采取行政和法律手段，有计划地将旧城的一些商业机构搬迁至新城。

　　在具体规划上，鉴于孟买的自然条件限制，采用了孟买岛（旧城）—塔纳（大孟买）—新孟买—纳瓦·锡瓦港逐级跳跃，环绕孟买湾形成半封闭带状形式推进空间发展格局。这样的模式有利于各城镇区在空间上达到相互依存、相互补充和协调发展，既能发挥特大城市的聚拢效应，又可以减轻城市所造成的社会生活环境方面的压力，为城市发展创造所需的有利条件，解决新城和旧城之间的矛盾。

　　从1970年开始，整个70年代，孟买开始实施以塔纳为中心的大孟买计划，城市向孟买的郊区发展，实现城市空间发展格局的第一次跳跃。该阶段从跨塔纳湾工业区和塔洛贾工业发展区建立开始，到70年代中期已经发展到一定规模，后来为扩大工业产品的出口能力，在1974年建立了桑塔克卢斯电子出口加工区，进一步刺激了该区发展。目前在孟买和塔纳之间已经形成了一个连续的综合性工业地带。在这一阶段新孟买和纳瓦·锡瓦港的发展相对缓慢。

　　20世纪80年代以来，孟买城市规划进入第二阶段，城市发展重心从塔纳地区推进到新孟买地区，开始了城市空间发展上的又一次跳跃。新孟买位于塔纳湾东面的大陆本土，通过跨越塔纳湾的大桥和孟买岛相连。新孟买包括行政、商业、工业和居住等功能，计划容纳200万人口，并建设新的港口来减轻老孟买港的压力，

1　王益谦.孟买城市区的空间发展格局[J].南亚研究季刊，1992（02）:42-48.

新港口（纳瓦·锡瓦港）区和塔纳区开发融为一体。

新孟买城市布局分为两部分：一侧是卡尔瓦—比拉普工业区，一侧是居住区。规划两条前后建成的大道构成环状快车道，将整个居住区和商业区包围其中，老孟买至浦那的公路经过横跨塔纳湾的新桥，自西向东穿越新孟买城中心。居住区被划分为若干规划区，每一个区配备必需的社区基础设施，三至四个小区为一组，设置一个公共的区中心。规划在新孟买开发三个商业区，北部、中部和南部各一个，中部商业区靠近孟买的出入口。主要的娱乐休闲区和公园规划分散在城市绿化带中，绿地面积共为 5 000 公顷，每千人占有绿地 1.5 公顷。

新孟买拥有 650 公里的道路网络，这些网络连接着节点和临近的城镇。除此之外还有 5 座主要的桥梁、8 个天桥、15 个立交桥和一些步行桥梁。整个道路系统按照规划和人口实现同步增长。

铁路系统构成新孟买的生命线，覆盖在长度为 200 公里、占地面积 900 公顷的土地上，铁路网络共包括 6 条铁路和 30 个站台。铁路网中还包括一条瓦西（Vashi）铁路桥，这条铁路桥连接着孟买和新孟买，是这两个区域经济发展的纽带，将孟买的发展延伸到新孟买，这条跨海铁路桥帮助舒缓了孟买城区的居住压力，让住在新孟买地区的人们也能在孟买老城区工作。新孟买主要的职能是创造就业机会，转移老城区就业压力。新孟买规划将为 200 万人提供 75 万个工作岗位，因此新孟买定位为一个独立的新城，而不是为孟买老城区解决住宿问题的"宿舍"区。新孟买的经济特区为外国投

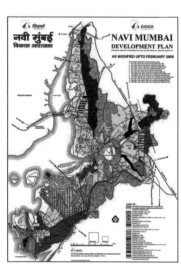

图 4-27 新孟买地图

资者提供了全方位的从制造业到金融服务业的商业环境。新孟买经济特区（Navi Mumbai Special Economic Zone，NMSEZ，图 4-27、图 4-28）位于新孟买中心，由四个区域组成，其目标是为商业、居住、学习发展提供世界级的基础设施、公共事业和服务[1]。

---

1 王益谦.孟买城市区的空间发展格局[J].南亚研究季刊，1992（04）:42-48.

新孟买的规划从现在城市发展来看，能够很好地根据自己的自然条件和社会经济条件扬长避短，因地制宜，使很多方面都发挥了优势作用。首先它采用逐层跳级的方法，以交通干线的发展来连接各个城区，在各个城区之间留有一定的乡村，对于城

图 4-28　新孟买鸟瞰图

市化水平较低的印度来说，这样既有利于吸收广大农村地区的剩余劳动力，又有利于利用交通干线组织交通，有效分散城市的中心职能。除此之外，还在城市发展结构上留有一定的弹性。这样的规划不仅解决了岛屿城市难以扩张的难题，而且在环孟买湾地区形成城市，更充分地利用了天然良港的优势。但是新孟买的城市发展受到一定的无计划因素的影响，从如今的发展来看，其城市发展模式的弊端正在逐步显现，新城区的生活服务设施在短期内不容易配套，因此影响了它对人口和工业的吸引力，形不成规模，到 2011 年为止，新孟买人口约 110 万。

虽然孟买的发展仍旧存在一定的问题，但是查尔斯·柯里亚及其团队规划的新孟买给沿海湾的分散型城市的规划带来了很大的借鉴作用。

第二节　B.V. 多西

1. 生平简介

B.V. 多西（Balkrishna Vithaldas Doshi，图 4-29）于 1927 年 8 月 26 日出生在印度马哈特拉施特邦（Maharashtra）首府浦那（Pune）。他是印度著名建筑师，被认为是南亚建筑界一个重要人物，对印度建筑演变理论上有很大贡献。他最著名的建筑是印度管理学院班加罗尔分院。多西是英国皇家建筑师协会的会员，曾经担任过普利策奖评选委员会成

图 4-29　B.V. 多西

员以及阿迦汗建筑奖评选委员。

多西早年在孟买的 J.J. 艺术学院学习，之后去伦敦实习。1951 年，多西在柯布西耶的巴黎工作室里当了四年"学徒"，并且参与柯布西耶在昌迪加尔和艾哈迈达巴德的一些建筑工程。之后的三年时间中他回到印度负责监督柯布西耶在艾哈迈达巴德的建筑项目。1958—1959 年间，多西获得美国芝加哥大学奖学金，赴美进修。60 年代，当路易斯·康在艾哈迈达巴德设计印度管理学院时，多西和路易斯·康有了很亲密的合作，被康称为"了不起的印度建筑师"[1]。多西在和柯布西耶、路易斯·康这两位西方建筑大师合作的过程中，深受西方现代建筑思想的影响，特别是当他在参与大师的工程时，深入实践，亲身经历建筑建造的全过程。这样的经历，使他对现代建筑精神比其他印度建筑师具有更直接和深刻的体验。柯布西耶和路易斯·康等现代建筑思想深深影响着多西的建筑取向。

一些西方建筑评论家把多西至今的建筑生涯划分成为三个阶段：第一阶段是 60 年代到 70 年代初，多西深受现代主义思想影响的阶段；第二阶段到 80 年代中期，多西致力于探索本土的印度现代建筑模式；第三阶段为 80 年代中期之后，他开始排除西方建筑思想的影响，并从早期佛教、印度教及伊斯兰教的建筑传统中获得建筑创作灵感，设计具有印度特色的现代建筑。然而多西本人并不认可这种三段论式的评价，他声明自己长期以来一直是以一种"合一"[2]的境界为目标，即把西方现代主义建筑思想和印度独特的自然环境与社会历史环境相结合，走出一条植根于印度本土的"新印度建筑"道路。

虽然多西没有立刻从巨大的柯布西耶阴影中走出来，但从他最初的创作中已经可以看出他追求"新印度建筑"倾向。1955 年，多西在古吉拉特邦的纺织工业城市艾哈迈达巴德定居下来，在那里他担任柯布西耶在印度的四个工程项目的负责人，同时他开始接受一些企业家和当地文教机构的设计委托。1958 年，他创立了环境设计研究中心，命名为"Vasut ShilPa"，研究中心提倡在环境设计中，人、建筑和自然三者之间应该对话，这三者不应该是独立的。多西的研究中心的名字来源于印度民间流传的两种叫做 Vasut Shastar 和 Shi Plashastar 的传授建筑学知识的系统，类似于我国的风水学说，这两种学说对多西的建筑观影响很大。Vastu Shastra 的书中还重点阐述了一种被称为 "Vastu Purusha Mandala"

1，2 王路．根系本土——印度建筑师 B.V. 多西及其作品评述 [J]．世界建筑，1999（08）:67-73.

的曼陀罗模式，这种模式为人如何在广博无际而神秘的宇宙中找寻和安排理想住所提供范式。多西事务所里还挂着一张网格状的曼陀罗图形。从多西对环境设计研究中心的命名上，可以很明显地看出他寻求人工微观环境和宇宙运行规律相呼应、体现人与自然和谐共生、追求地区性共鸣的本土建筑观。

除了作为建筑师取得的国际名声之外，多西同时作为一位教育者和学校的创办者而出名。1962—1972 年，他在艾哈迈达巴德创办了建筑学院（School of Architecture），并任职为建筑学院的主任；1972—1979 年创办了规划学院，并任规划学院主任；1972—1981 年，建筑学院、规划学院以及管理和技术学院等合并成环境规划和技术中心（Centre for Environmental Planning and Technology, CEPT），多西担任第一任校长并为其设计校园，他为学校引进艺术和应用科学领域的课程，在建筑教学上注重乡土建筑传统，该学校还对喜马拉雅山地建筑做了一系列研究和调查。他还是视觉艺术中心（Visual Arts Centre）和卡诺利亚艺术中心（Kanoria Centre for Arts）的创办人 [1]。

2. 建筑理念

多西出生在一个印度教大家庭里，几代人都生活在一起，家庭成员的年龄跨度从刚出生到八九十岁，他们在这个家庭里出生、成长、死亡。在传统而又古老的家庭里成长的多西，从小就经常去附近的村庄和神庙参加庆典，这是印度古老文化遗留下来的精神世界 [2]。虽然多西后来受到了西方现代派思想的影响，但是流淌在他血液里的印度传统是不可磨灭的。多西在他的建筑生涯中后期，致力于研究印度教、佛教和伊斯兰教建筑。他从这些古老建筑上感受到了神圣之感，在他看来如果建筑忽略了神圣之感，就很难让人意识到内在的自我和自身真正幸福快乐所在。而有些建筑师恰恰相反，他们日益把功利主义作为设计的出发点，使人感到挫折、疑惑和不安全感。建筑的功能化和简单化致使上帝和古老思想方法不再是思考和行动的前提，缺乏了神圣感的建筑就缺乏了持久性，只能成为某一小段时间出现的单调重复、没有个性的普通房子而已。对多西而言，建筑是一种"既非纯物质也非纯理论，又非纯精神的现象"，而是三者的综合体现。但是把三方

---

1 王路 . 根系本土——印度建筑师 B.V. 多西及其作品评述 [J]. 世界建筑，1999（08）:67-73.
2 B V Doshi.Talks by Balkrishna V.Doshi[M].India:Vastu-Shilpa Foundation for Studies and Research in Environment Design, 2012.

面都理解透彻并且将其综合运用到建筑中的例子并不多，然而只要把这三方面的其中一方面以适当的建筑形式表现出来，这样的设计就能够被社会认可，就能够被认为是超凡脱俗的建筑。

多西认为传统艺术的特点是在建筑形式中重视物质需要，这样的直接反应是让人的身体感到舒适，在形式上强调组织协调和清晰轮廓；普通现代建筑是逻辑上的设计，它能够满足形式上的理性要求，给人带来尺度适宜的感觉，满足使用要求，从建筑学上来讲，这样的建筑是高效的，但是显得单调无味。传统形式和普通现代建筑尽管能够满足社会和个人的基本需求，还可以产生一定的凝聚力，但是都不一定能够成为卓越的作品，不一定能激起自我意识，也就不会成为具有永恒性而流芳百世的佳作。建筑需要满足人精神上的需求，它和人有着重要的联系，在形式之间有微妙的关系。为了满足精神方面的要求，可以从探索人的本质出发，只有这样产生的建筑空间才能成为人类物质和理性的要求的外部表达，并且开启人类心灵并且在人心中沉淀，向人类心中的神秘世界沉淀。

多西用哲学和宗教视角来看待建筑中的精神性，把心灵感受放在中心位置，认为理性和功能应该围绕这个中心建筑，并应蕴含特有的文化。他一直把建筑形式应植根于建筑所生长的土地作为首要问题，因此非常重视能够体验到心灵感受的传统建筑环境。为了创造心灵体验，多西努力分析能够产生这些体验的空间特性和建筑语言。

在多西看来印度教的神庙建筑群（图4-30）是满足精神性、具有神圣之感的经典之作。神庙安排空间序列，各个空间的大小、高度和围合度都不同，每个空间举行的仪式也不尽相同。神庙入口处一般是举行欢快节日庆典的地方；内部空间是比较深沉的仪式空间（Girbhgriha），黑暗、封闭有且仅有一个门洞；舞蹈亭则是一个三面开敞的建筑，形成半开敞的空间。他认为神庙建筑能够给人心灵留下印记

图4-30　印度教神庙

并且成为永恒的神圣之所，这是由于人有对空间的认同感。人在经历一定数量的空间之后会产生一系列令人难忘的感知，从而产生心灵感受，并被大多数团队成员和个人所认可，因此能够激发出这种感知的对应形式也会被团队和个人所承认，并将其传给后代。这就是认同感对评价建筑形式在心灵方面的重要作用。多西将从神庙中看到的空间特性用到现代建筑上，通过运用停顿、过渡性空间让现代建筑也获得神圣之感，创造出永恒形式。多西认为，真正的建筑具有永恒的形式和内在品质，具有超越个人和行为的深远意义[1]。

图 4-31　印度管理学院班加罗尔分院

3.建筑实践

1）印度管理学院班加罗尔分院

印度管理学院希望建造一所能够不断发展变化的灵活的建筑。多西通过研究 16 世纪的法塔赫布尔·西克里城堡而得到灵感，成功解决建筑不断发展变化的问题。西克里由阿克巴皇帝建造，占地面积很大，建筑规模宏大，流线清晰，建筑形式和空间组织广受好评。西克里皇宫将活动空间系统布置，不同的单体既分又合，单体之间则形成院落，院落让最原始的生长和环境之间产生最微妙的联系。这种方法解决了怎样扩建以使新旧建筑成为统一整体的问题，还解决了怎样在复杂综合体中让人产生同一空间感。从西克里皇宫的设计上得到灵感，多西将同样的手法运用到印度管理学院班

图 4-32　印度管理学院班加罗尔分院总平面

图 4-33　印度管理学院廊子

1 B V 多西 . 从观念到现实 [J]. 谷敬鹏，译 . 建筑学报，2000（11）:59-62.

加罗尔分院（图4-31、图4-32）的校园设计上，他以走廊来限定和组织几个矩形空间，沿着走廊排布着几个不同功能的房间，有办公室、实验室、演讲厅以及图书馆等。建筑围合成的空间成为室内空间向外部的延伸。班加罗尔城市树木茂盛，在这种环境中，室外的庭院可以成为教室之外的学术交流空间，于是设计功能和传统地方的亭子式空间有机联系起来。多西在设计中使用了三层高的廊子，廊子有的有屋顶，有的以藤蔓作为顶，有的是部分遮盖的，和室外景色有机地融合在一起，使景观和建筑产生交流。为了加强空间感受，多西将廊子很多地方加宽，营造出休息交流的空间。在不同的季节、不同的时刻，廊子能够感受到自然的不同变化，使室内空间向外部扩展，形成一个和整个世界都有联系的场所。办公室的入口由廊子（图4-33）决定，通过虚实变换的韵律，即墙和开口，给人一种断断续续、若有似无的感觉，真实反而成了概念性的东西[1]。

多西不仅把现代派的建筑原则运用在印度当地气候条件和自然环境中，更把从柯布西耶那里学到的简洁理性的形式和系统设计思想与印度本土建筑特点、生活方式和社会需求相结合。甚至有评论家认为多西的印度管理学院是对路易斯·康的印度管理学院（艾哈迈达巴德分校）的批判。

2）侯赛因—多西画廊

侯赛因—多西画廊（Husain—Doshi Gufa，图4-34）落成于1995年，位于艾哈迈达巴德市多西创办的环境规划和技术中心大学旁，用以陈列印度著名艺术家侯赛因（M.F.Hussain）的艺术作品。作为安置艺术品的画廊本身就可以称为一件抽象派的艺术作品，自然有机的形态具有表现主义倾向，有洞穴般的形态。画廊的平面是由多个彼此相连、埋入地下的圆形和椭圆形组成，半圆形的形态让人联想到印度

图4-34　侯赛因—多西画廊

1　周卡特.班加罗尔管理学院[J].世界建筑，1990（06）:50-51.

佛教的窣堵坡，窣堵坡在多西眼里是追求知识的象征，并且隐喻着光明之泉。多西将画廊的一半埋在地下，露出起伏的轮廓线，从外部可以看到壳体的骨架，但低矮的高度和小巧的体量很难让人想象这是一座画廊。裸露在外的壳体表面贴着白色和黑色的

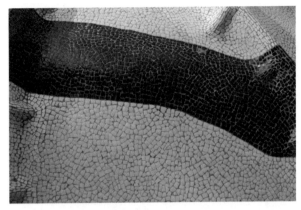

图 4-35　画廊表面碎瓷片

碎瓷片，白色为底色，黑色形成一定花纹。碎瓷片（图 4-35）可以反射一定的光线，让整个建筑看起来像是在发光。窗户的形式采用突出的如眼睛一般的圆洞或者在半圆形顶部如犄角一般的孔洞，这种采光形式，在室内能够形成斑点状的光影。画廊的外部如同神秘的外星文明的产物。当通过台阶向下进入画廊的室内（图 4-36、图 4-37），仿佛进入了原始社会，和室外的光明形成鲜明对比。粗糙的混凝土表面营造出昏暗阴冷的洞穴般的效果，不规整的混凝土支柱随意甚至有些歪斜地支撑着壳体构架。圆形孔洞和室内的小射灯照亮了画廊展出的侯赛因的艺术品，这些色彩鲜艳的绘画大部分都绘制在画廊墙壁和顶部，像是原始的洞穴壁画，和建筑浑然成为一体。还有一些人形的绘画则制成板状竖立在混凝土支柱间，仿佛是洞穴里居住的原始人。

3）桑珈建筑事务所

桑珈建筑事务所（Sangath，图 4-38）是多西对"印度新建筑"的构想，这座仅有 585 平方米的建筑将印度传统特色、热带气候特点和地方性恰到好处地结合在一起。"桑珈"在当地语言中的意思是共享和共同活动，而建筑采用连续拱的形式，和"桑珈"中动态概念相适应，洞穴般的拱形形象地象征着佛教支提窟中的弧状屋顶。事务所室外场地丰富，有水池、台阶、花坛、雕塑和草坪，构成多样而有趣味的室外空间，还摆设了坐椅，供事务所的工作人员进行交流。建筑的主题被埋入地下，连续拱的一部分暴露在外面，围合成各式各样的建筑空间。既有地下的，也有高出地面的，既有阳光充沛的大空间，也有相对矮小的小空间，可以满足不同的功能需求，且各个空间相互交错给人以动感。建筑的结构体系有

图 4-36　侯赛因—多西画廊室内

图 4-37　侯赛因—多西画廊入口

图 4-38　桑珈建筑事务所

图 4-39　收集雨水的沟渠

三种：一种是砖墙承重的拱顶结构；一种是砖柱承重的平顶结构；第三种是墙、梁、柱的混合承重结构。在应对印度炎热环境上，多西也运用了多种手法，建筑主体被埋入地下能够起到很好的隔热效果；建筑外表面和侯赛因—多西画廊一样采用拼贴碎瓷片的方法，碎瓷片反射一定的光，使建筑吸收的光热减少；双层的外墙面有较好的通风效果，同时还能有一定的储存物品的功能；建筑拱顶上有排水和收集雨水的沟渠（图4-39），雨水汇聚到庭院中的水池，不仅起到一定的降温作用，而且使庭院形成富有诗意的水景观，营造出宁静平和的环境。建筑的采光方式也多样化，包括侧窗、天窗和玻璃砖直接采光等等。

4）艾哈迈达巴德建筑学院

艾哈迈达巴德建筑学院（School of Architecture）于1962年由多西创办，和后创建的规划学院以及管理和技术学院合并成环境规划技术中心（CEPT）。CEPT

的建筑学院在印度建筑界和建筑教育界占有重要地位，在国际上同样具有重要的地位。建筑学院设计了多学科交差式教学方式，办学思想开放，在建筑教育方面侧重于乡土建筑传统，学院定期带学生前往印度北方和传统地区进行乡土建筑调研。

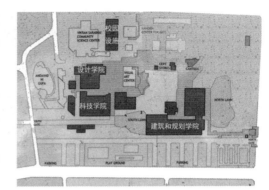

图 4-40 CEPT 平面

　　为了迎合该学院开放的办学理念，多西在设计校园时不设置围墙，让学生和周围的群众可以自由地出入学校，并且自由地参与学校组织的各项活动。校园平面（图 4-40）布置自由随意，没有明显的秩序，但是给人以舒适之感。建筑学院和规划学院共用一座楼，建筑学院（图 4-41）在一、二层，规划学院在三、四、五层，管理学院、设计学院和科技学院（图 4-42）拥有各自独立的学院楼，但是体量较建筑和规划学院小。校园建筑高度总体都不高，最高的建筑和规划学院也仅是局部五层。建筑和规划

图 4-41 CEPT 建筑和规划学院

图 4-42 CEPT 科技学院

图 4-43 CEPT 作品展

学院一层局部架空，二层为了减少日晒采用实墙，需要采光处的整片墙体采用可旋转木板，旋转出一定角度以达到采光通风的效果，三层挑出，可以有效地遮挡阳光。多西和路易斯·康一样，认为教育的场所不仅局限于室内的教室，也可以是室外。多西采用架空的底层，架空部分不仅通风遮阳，而且可以作为建筑学制作立体构成、搭建模型和展览设计作品的场地（图4-43）。尺度亲切宜人的室外院落空间，让室外和室内相互渗透，半敞开的建筑和自然环境相融合，创造出舒适的聚会场所。建筑外表面直接用裸露的红砖表达，外露的混凝土框架成为自然的分割线和装饰线，建筑造型自然古朴，将西方现代主义的理性简洁融入当地的自然和人文地理中。

第三节　拉杰·里瓦尔

1. 生平简介

拉杰·里瓦尔（Raj Rewal，图4-44）1934年出生在印度旁遮普邦，1939—1951年生活在德里和西姆拉（印度喜马偕尔邦的邦首），1951—1954年在新德里的建筑学院学习，完成学业后，于1955年去伦敦世界著名的AA学院就读。留学期间他一直在当地的建筑事务所实习，英国的生活给里瓦尔打开了全新的视野。1961年里瓦尔移居法国，1962年回到印度，在德里的规划和建筑学院教书。1974年，他

图4-44　拉杰·里瓦尔

在伊朗德黑兰开办了第一个设计事务所。他的建筑作品大多位于印度国内，除此之外在法国、葡萄牙以及中国等也有少量作品，作品类型包括住宅、办公，还有图书馆、会议中心、展览馆等公共建筑，也涉及城市规划。里瓦尔的代表作品有法国驻印度大使馆馆员生活区、尼赫鲁纪念亭、英国驻印度大使官邸、中央教育技术学院、印度国会图书馆、里斯本的伊斯梅利亚中心等。他曾荣获印度建筑师协会金质奖，以及英国建筑师协会和法国政府所颁发的一些荣誉。

2. 建筑特点

里瓦尔和20世纪的很多建筑师一样，同时受到印度悠久历史文化传统和西

方现代建筑思想的双重影响，形成了自己特有的价值观，建筑思想和作品既传统又现代，深入了解表达传统精髓和现代主义精神。里瓦尔接受西方的建筑教育，喜欢简洁经典的几何形体。他受柯布西耶和路易斯·康影响，喜欢使用砖石和混凝土，以及运用光线让建筑形体和空间产生相互关系。里瓦尔认为现代建筑不应该是重复乏味的，应该对传统建筑有所传承，而传承不是一味地复制一些表面的装饰化构件，而是对传统建筑内在精髓的继承。他认为建筑的语言不应该是全球通用的语言，而应该是一种地方性口语，如何将现代主义和印度国情相融合是里瓦尔创作过程中主要思考的问题。印度著名的建筑师中，查尔斯·柯里亚和B.V.多西都试图将印度传统和现代主义建筑相结合，但是不同的建筑师侧重点并不一样，他们作为建筑师创作出了迥异的建筑。相对于柯里亚的对空空间、管式住宅、形式服从气候等建筑理念和多西的从印度宗教得到灵感，里瓦尔使用印度传统建筑学知识系统，更注重人性化、现代居住群落等概念。

3. 建筑实例

1）印度国会图书馆

作为甲方的印度政府希望国会旁的地块上建造一座国会图书馆（India Parliament Library，图4-45），对中标的设计者里瓦尔的要求是希望他能够承担起这一历史性的委托，让国会图书馆能够做到日益更新，并且处理好和一旁的国会大厦的关系。除此之外，这座建筑还要能够展现印度现代建筑特点和印度源远流长的历史文化价值。总之，就是要求这座建筑和谐地展现现代印度和古代印度的双重特点。

印度国会大厦是在1920年的德里规划期间设计建造的，采用当时流行的殖

图4-45　印度国会图书馆（后面是国会大厦）

民时期建筑风格，外观为一个圆形的形体，由柱廊围绕。国会图书馆如果要和它相和谐，采用相同风格是比较保守的做法，但是殖民风格已经和独立后的印度风格不相符，而且不能体现印度的古老文化传统。如何让国会图书馆在国会大厦面前郑重地展示自信而又不至于喧宾夺主，夺取国会大厦的光芒，这是这个设计的一个棘手的问题。里瓦尔是受过西方建筑教育的建筑师，在建筑形体上比较偏好于简单庄重的几何形体。在国会图书馆的设计中，他选择了圆形和八边形作为单元来组合形体。在考虑和国会大厦的关系时，为了不让图书馆喧宾夺主，里瓦尔画了一道高度控制线，将建筑的楼层高度控制在国会大厦的基底高度以下。因此图书馆有两层高度被埋在地下，只有建筑穹顶的高度超过了高度控制线。除此之外，相对于国会大厦的大体量，图书馆采用通过一个个单元来组成整体的建筑形式，这样整个图书馆在国会大厦面前显得谦卑而低调。在和国会大厦的平面关系上，里瓦尔将国会大厦的轴线延伸，作为图书馆的轴线，主入口布置在国会大厦一侧，引导参观者和使用者从外围进入中心或者两翼，各个入口分开设置在不同的部位[1]。

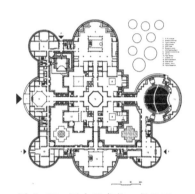

图 4-46　国会图书馆一层平面

在印度文化传统的延续性方面，里瓦尔采用了印度文化中被提及比较多的表现印度传统宇宙观的"曼陀罗"图形，印度历史上的斋浦尔城规划和印度南部一些理想城市都是按照此图形设计的。图书馆建筑平面（图4-46、图4-47）按照"曼陀罗"图形布置，但并不是死板乏味地一味追求和"曼陀罗"图形相统一的形式，平面被突破、分解甚至是省去。"曼陀罗"的九个单元并不完全一致，而是用类似的形状，有一个单元甚至被拿走，中心的单元被布置成虚的中庭，这也和"曼陀罗"代表的七个实体星球和两个虚幻星球相吻

图 4-47　国会图书馆模型

1 Klaus Peter Gast.Modern Traditions—Contemporary Architecture in India[M].Germany:Brikhauser Verlag AG, 2007.

合，被拿走的那个单元和中庭正是那两个虚幻的星球（图4-48）。平面被突破后成为一个非对称、非完整的破碎的图形。除了"曼陀罗"主题的运用，里瓦尔还采用印度历史上莫卧儿时期经常出现的穹顶作为图书馆的屋顶。圆形的大圆里是一个个小圆，子母圆的形式突破了复制历史的形式，增加了现代主义的成分。

在功能布置上，里瓦尔将新闻中心、数字图书馆、礼堂等功能分布在外围的单元上，将阅览室、资料搜集和会议室布置在中庭附近的四个小单元里。中庭上使用圆形的玻璃顶。在墙体材料选择方面，里瓦尔选择了红色和米黄色的砂石，砂石外墙面保留粗糙的肌理，面向室内（图4-49）的一侧则磨平抛光，应该是参考了毗邻的国会大厦的做法。除了石材，里瓦尔还采用随处可见的混凝土，混凝土的使用增加了建筑的持久性。印度炎热的气候造就了图书馆内凹的窗户和外凸的檐口，它们和排列有序的细柱一起，丰富了建筑的立面，凹凸的形式在光的照射下形成迷离的阴影。

国会图书馆虽然在西方人眼里有一些过分强调印度文化，但在印度人眼里它是体现印度古文明和现代文明的完美结合。

2）新德里教育学院

新德里教育学院（Education Institute of New Delhi，图4-50）建造于1987年，建筑主题的入口庭院和中心庭院相互连通，庭院内布置着露天舞台，四周的建筑随层数的增加逐层后退。里瓦尔喜欢设计雕塑感强的体量，教育学院犹如体块交错的积木一般堆积；里瓦尔还喜欢凹窗、挑檐。他用柱子搭出框架，用墙体围合或者半围合成错综复杂的体块，形成镂空开敞的空间，起到通风作用。教育学院的第三层部分出挑，用落地柱支撑，形成可观数量的阴影，缓解德里夏季的曝晒。建筑凹凸的形体渗透着印度传统建筑的味道，材料选择

图4-48 国会图书馆内部庭院

图4-49 国会图书馆室内

红砂石，也具有浓郁的地方特色，红砂石这一古老的石头是印度人建造宫殿陵墓等持久性强的建筑经常会用到的材料。中庭庭院中有一颗保留树木，全封闭的学院围绕着这棵古树，刻下印度传统庭院的烙印。庭院是印度传统住宅的重要元素，虽然很多国家的建筑中都有庭

图 4-50　新德里教育学院

院，但是与印度的庭院有本质的区别。印度的庭院并不是室外部分，而是室内向室外的延伸，甚至可以说是室外的起居室。在炎热的夏季夜晚，印度人会睡在庭院中或者在屋顶上乘凉。

教育学院具有印度传统建筑的特色，同时简洁的体块、没有过度的装饰也让它具有了现代主义建筑特点。

3）CIDCO 低收入者住宅

在马哈特拉施特拉邦的城市和工业发展合作项目（CIDCO，图 4-51）的建筑代表了一个综合的、特别的印度问题：如何建设低收入者的住宅。从根本上讲，这些房屋不被居住者拥有。一方面，大多数情况下，他们通常被困在已经被明确定义以及被划分为没有任何希望改善现状的社会底层，因为他们缺乏教育和专业训练。另一些方面，上千年的印度种性制体系注定了他们处于社会底层并且贫穷匮乏。尽管印度政府已经尽力破除种性制，有时甚至使用武力保障处在社会底层的人的生活状态，但是种性制仍然扎根在人们的意识中。

拉杰·里瓦尔被委托的这个项目要求为在新孟买边缘的1 000 多位居民安排住处。像所有的城市开发项目一样，尽管预算很低，但是不仅要满足建筑最基本的功能，而且要营造

图 4-51　低收入住宅村落

一个简单且高质量的家。困难就是要权衡资金和建筑质量，因此成功的关键是要选择价廉而耐久性高的材料，并且制作工艺要很简单，因为这同样可以减少造价。里瓦尔为这个项目设计了一个高密度的集合体，一方面，因为地块面积有限，另一方面是为了能够获得尽量多而且质量高的室外空间，让处在城市的人能够把这个低收入住宅区联想为一个自然发展的村落（图4-52、图4-53）。项目中的住宅单元被里瓦尔形容为"分

图4-52　低收入住宅

图4-53　组团模型

子"（Molecules），由1~3个面积为18、25、40或70平方米的房间组成，它们具有基础的卫生设施，屋顶上有水罐作为恒定的供水设备。这些配置在我们看来是基本的，但在印度农村却并不是理所当然的必备设施[1]。

　　一个必须解决的重要问题是：使用什么样的材料能够在资金紧缩的前提下，达到建筑必需的耐久性。里瓦尔最终选择了空心砖和混凝土的组合，表皮为直接暴露的灰泥，用手工做的陶瓦做铺地，以及用当地可获得的粗糙花岗岩作为基础。这种组合可以适应强烈的季风气候。电力系统将给整个居住区提供供应，而不仅仅是给住宅内部。为了安全，道路被安排在建筑外围，内部有合理的步行走道，这样的道路设计让人很容易进入建筑组群中。里瓦尔设计了一个非常稠密的居住小区，他让人们不仅居住在自己的家里，能够和邻居相接触，让居民打开家门走

---

1 Klaus Peter Gast.Modern Traditions—Contemporary Architecture in India[M].Germany:Brikhauser Verlag AG，2007.

到室外，这是一个非常重要的设计考虑。在居住区规划中，高密度布置通常不是理所当然的，从发展城市空间质量的角度来说，室内外必须齐头并进。因此，当规划"分子"链的时候，重点需要强调公共空间的使用。印度的村落一般包含广场、庭院、凉廊、露台和阳台等多样的室外空间，供人们进行交流和交易，这些功能对印度人的生活来说是必不可少的，里瓦尔成功地将这些因素考虑到居住区的规划中。

小结

在印度独立的 1947 年，印度 3.3 亿人口中，只有大约 200 位训练有素的建筑师，而且只有孟买的印度建筑学院教授建筑知识，能够出国留学学习建筑的印度人更是少数。第一代印度建筑师们在欧美等国家接受了西方现代建筑教育后回到印度，对自己新生的国家抱着乐观的态度，他们用外国的现代建筑理论影响了孟买的建筑学校，为印度的现代建筑教育带来了勃勃的生机。印度第一代的建筑师中，查尔斯·柯里亚从 1963 年艾哈迈达巴德的圣雄甘地纪念馆开始，到孟买的干城章嘉、博帕尔的政府大楼和斋浦尔艺术中心，渐渐将印度的精神层面注入建筑中，走出一条具有地方特色的建筑道路，并成为印度最著名的当代建筑师。B.V. 多西这位被称之为"柯布西耶弟子"的印度建筑师的建筑更多地集中在柯布西耶曾经有过很多建筑作品的艾哈迈达巴德，他在这个地方慢慢地从柯布西耶的影响中走出来，找到属于自己的建筑道路，从印度传统宗教建筑和地方性建筑中获得灵感来创作现代建筑。同时他对于印度的建筑教育事业有很重要的影响，创立了 CEPT，为印度建筑业培养了一批优秀的建筑师。拉杰·里瓦尔同样是一位注重印度传统建筑、重视人性化的建筑师，他的建筑折射出对印度社会最底层人民的人文关怀。20 世纪 60 年代到 80 年代，在印度的建筑舞台上主要以第一代建筑师们为主导，他们各有各的特色，而多数建筑从印度传统建筑和文化价值中汲取灵感，呈现出明显的地域特色。

第五章 印度现代建筑转变期

从 20 世纪 90 年代开始，印度建筑设计中逐渐出现一种文化反省倾向，新一代的建筑师将自己的设计思想和工作与老一辈的建筑师区分开来，努力寻找关注美学和象征性标准，跳脱风格和传统的限制。印度新一代的建筑作品更加国际化。

随着 1990 年中期印度经济自由化以及印度设计施工部门向全球资本开放，印度建筑业的转变是显而易见的，在印度出现的国际建筑事务所作为新生力量开始改变印度城市面貌。国际建筑事务所的出现是全球化资本关注印度的先兆，为印度带来了新的趋势和转变。在独立后的 20 世纪 40 年代到 80 年代，印度主要解决的问题是全国范围内的社会问题，阶级、种性制和社会资源流动的问题一旦解决，整个国家的重点就从社会问题转变到经济一体化建设上来。20 世纪 90 年代之后印度开始拥抱全球经济，发展经济一体化，而基础设施建设被认为是实现经济一体化的有效手段，因此印度疯狂地投资基础设施建设。到了 21 世纪初期，印度的建筑业蓬勃发展。

从独立后的 20 世纪 40 年代到 80 年代，除了少数民营企业如塔塔、比尔拉、

图 5-1　印度土地和物业有限公司

图 5-2　诺伊达软件科技园

图 5-3　国家时尚科技学院

图 5-4　印孚瑟斯园区

辛哈尼亚开展建设项目外，大多数印度建筑实践都侧重于政府部门开展的公共建筑建设，民营企业没有从事过大型的建筑项目。经济自由化之后，印度政府没有能力有效地为国家提供大规模的建筑项目和基础设施建设，政府在这方面的失能最终促成了新兴资产阶级以私人公司的形式提供住房和基础设施。但是即使是私人公司也无法应对大型的基础设施建设项目，这些项目的建筑都外包给如新加坡、美国和一些欧洲国家的国际公司。这些项目包括上层和中产阶级的高端豪华公寓、酒店、医院、大型购物商场和大规模乡镇、经济特区的总体规划项目，其中最具代表性和最具影响力的是信息技术（IT）园区的规划建设。城市信息技术园区不断增长，海得拉巴（Hyderabad）和班加罗尔都有电子城和高科技园区，金奈的技术产业园更是一个发展的成功例子。为产业园建设基础设施是吸引企业和资金的一个方法，而印度为科技产业园建造的都是一些国际性的优秀建筑，如扎哈·哈迪德设计的金奈印度土地和物业有限公司（ILPL，2006—，图5-1），FXFOWLE事务所设计的诺伊达软件科技园（2008—，图5-2），纽约华尔街贝聿铭工作室（Pei Cobb Freed & Partners）的海得拉巴波浪岩（Wave Rock，2006—2010）和印度哈菲兹建筑师事务所在新孟买的国家时尚科技学院（NIFT，图5-3）、在迈索尔的印孚瑟斯园区（Infosys，图5-4）。这些产业园的发展促进了印度高端技术水平建筑设计和建造业的发展，显示出全球化对印度这片土地的巨大影响，展示了国际标准的建筑在印度的发展，并使得印度的建筑不仅仅局限于缺乏创新的老城密集型产业[1]。

其他一些基础建设如新机场、教育机构、住宅区受到更大的现实制约。不同于产生园区和办公建筑，新机场不得不面对拥挤的人群来寻求空间上的创新，它需要处理好和老机场的关系，缓解老机场的过度运作造成的拥挤。这些项目除了要处理相应的社会条件外，还要敏锐捕捉它们的定位、选址和可持续发展原则。机场项目的例子包括哈菲兹建筑师事务所和DV Joshi公司设计的孟买国际机场、HOK设计的新德里英吉拉·甘地国际机场3号航站楼（2006—2010）、SOM设计的孟买贾特拉帕蒂·希瓦吉国际机场2号航站楼（2014）。

除了基础设施外，由当地主要投资者投资的品牌连锁酒店等项目也得到建设。这些建筑采用大尺度空间结构形式，不需要体现当地的环境特色，运营费用非常

---

1 Rahul Mehrotra. Architecture in India since 1990[M].UK:Hatje Cantz,2011.

图 5-5　帝国双塔

图 5-7　皇官酒店

图 5-6　"世界第一"楼

高。随着经济快速的增长以及商务人士和游客的增多，这种类型的建筑在印度全国各地被迅速建造起来，它们一般建造在新兴城市，如孟买、新德里、古尔家翁、海得拉巴和班加罗尔等城市。公园酒店集团就是这样一个连锁酒店集团，它认为优秀的建筑是吸引顾客的一个方式，有意识地使用建筑作为地区的标志，来吸引外国和印度国内才华横溢的建筑师合作。公园酒店集团已经在加尔各答、新孟买、金奈以及海得拉巴等城市建造了一系列的酒店建筑，随着时间的推移，这个集团将把酒店建造到国外，打造跨国的连锁酒店。

在经济自由化的带动下，印度的高层建筑建筑发展也十分迅速，以国际化大都市孟买为代表的孟买市中心矗立着一座座摩天大楼。哈菲兹建筑师事务所设计的孟买帝国双塔（图 5-5）是一个采用玻璃和钢建造的摩天大楼的典型代表，帝国双塔 2004 年开始建造，2010 年竣工，高度为 250 米，是 60 层的居住建筑；"安蒂拉"（Antilla）则是一座由美国帕金斯威尔（Perkins+Will）建筑事务所设计的高层私人豪华住宅。在孟买市中心，除了已经建好的高层建筑，还有很多在建项目，如孟买的"世界第一"楼（World One，图 5-6）。"世界第一"楼由罗哈（Lodha）集团出资建造，由贝聿铭工作室和著名结构师莱斯利·E.罗伯逊合作设计。它拥有一个海拔高度为 1 000 米的开发给民众的天文台，可供民众欣赏孟买城市景色和阿拉伯海美景。又如由印度著名设计师泰莱悌和潘瑟齐（Talati & Panthaky）事务所设计的皇宫酒店（Palais Royale，2008—，图 5-7），这是一个用低聚丙烯腈纤维建造的建筑。

第一节　公共建筑

1. 贾特拉帕蒂·希瓦吉国际机场 2 号航站楼

Chhatrapati Shivaji International Airport–Terminal 2，孟买，2008 年，SOM 建筑设计事务所

10 年以前，孟买的贾特拉帕蒂·希瓦吉国际机场每年接纳 600 万乘客，如今它的服务人数已经达到 10 年前的 5 倍。随着印度的快速发展和中产阶级的迅速扩大，孟买成为印度的经济首都，现存的机场设施已经不能够支持国内和国际的运输，导致频繁地延误。2 号航站楼（图 5-8）的建造维护了印度的荣耀，缓解了印度的机场压力。机场的地理位置优越，决定了它在城市中的地位。孟买正在经历着快速发展和改造，2 号航站楼是这场变革中非凡的一笔，成为城市的地标和中心枢纽。通过现有的交通结构，借助新公路网络加强交通联系，2 号航站楼将成为印度中心和南部城市的联系纽带，使孟买的城市边缘向东部和南部不断发展。

贾特拉帕蒂·希瓦吉国际机场占地 440 万平方英尺，24 小时全天候运营，每年乘客的吞吐量达到 4 000 万。2 号航站楼将国内客运服务和国际客运服务合并在一起，优化了终端操作，及较少了乘客的步行距离。受到印度传统阁楼形式的影响，这个 4 层的航站楼建造了一个宏大的"顶楼"，用做中央处理平台，下面是设施齐全的大厅。大厅并不是相互分离的，而是从中央

图 5-8　贾特拉帕蒂·希瓦吉国际机场 2 号航站楼

核心向外辐射，让乘客可以在国内航班和国际航班之间自由穿梭。在新航站楼施工期间原先的航站正常运营，延长新航站楼的构想让其能够融于现有的航站楼，还能运用模块化的设计满足阶段性的建设。

新航站楼不仅是孟买全球化、高科技的标志，而且其结构渗透了当地地理位置、历史和文化传统。路边的送客区位大批的送别祈福人设计，体现了印度举行欢迎送别仪式的传统。国内外的乘客从高架桥进入四层楼的候机室，道路在入口处就分叉，给需要送别的人预留了足够的送别空间。航站楼是一个温暖、明亮的空间，进入航站楼便看见一列多层的圆柱支撑着大跨度屋顶。新航站的屋顶是世界上最大的没有伸缩缝的屋顶之一，钢桁架结构跨度大，30 根 40 米高的圆柱为屋顶之下营造了一个巨大的空间，体现为一种传统地域性建筑的内部庭院和空中楼阁。阳光透过顶部镶嵌在顶棚里的花格镶板上的彩色玻璃洒落在大厅里，色彩斑斓的光斑暗示着机场的标志，也是印度的国鸟——孔雀。2 号航站楼从现代化视角重新审视传统，从顶楼圆柱和顶部的铰接式花格镶板，到让大厅投下斑驳阳光的格子窗，都渗透着传统的影子。

机场的零售中心位于大厅和航站楼的交汇处，是最热闹的地方，乘客在这里可以购物、吃饭，从落地窗看飞机的起飞降落。这个地方的很多细节都彰显了文化气息，比如灵感来自荷花的枝形吊灯和本地艺术家制作的传统马赛克镜子，众多地域特色的艺术品和手工艺制品陈列在多层的艺术墙上。流行艺术文化和暖色调的优雅风格的配合使用，提升了航站楼的气氛，摆脱了飞机场典型而无趣的形象。

2 号航站楼使用了高性能的玻璃装配系统，通过定制的玻璃熔块模型优化最佳热力性能，减少眩光的影响。航站楼幕墙上的孔洞金属板可以过滤清晨和傍晚的阳光，为候机的旅客营造舒适的光照空间；室内安装的日光控制系统根据日光平衡光线亮度；登记大厅通过天窗采光，为航站楼减少 23% 的能耗，达到节能的效果。

2 号航站楼采用现代材料和科技，先进的可持续发展策略为现代化机场设计设立了新标准，同时作为一个国家和城市的门户，很好地展现了印度和孟买的传统与历史，不仅体现了印度传统的文化，而且展示了印度拥抱全球化的愿景。

2. 珀尔时尚学院

Pearl Academy of Fashion，斋浦尔，2008 年，"形态发生"事务所

于 2008 年建成的珀尔时尚学院（图 5-9）坐落在斋浦尔郊外，由"形态发生"

（Morphogenesis）事务所设计。这个校园是一个响应被动栖息环境的建筑，学院为具有高度创造力的学生在多功能区域内工作创建了交互式空间。学院使用了拉贾斯坦传统主题"迦利"（镂空石板）作为外装饰，融合了传统建筑特色和最前沿的现代建筑设计。

图 5-9 珀尔时尚学院

学院坐落在一个典型干燥炎热的沙漠气候区，位于斋浦尔没有特色的工业区内，距离著名的古城约 20 公里。不利的气候让控制建筑微气候成为挑战，因此使用多种被动气候调节方法具有一定的必要性，以减少依靠机械控制环境所需的资源。珀尔时尚学院在印度十大时装设计学院中排名第三，其建筑的设计通过简洁的几何形来代表严肃的学院派，融合了现代功能和印度伊斯兰建筑元素。珀尔时尚学院使用的开放式庭院、水体、阶梯井和"迦利"都源于历史上伊斯兰建筑的做法，但是用现代的形式表现出来。

建筑使用双层表皮来保护室内空间免受室外环境的影响，外层皮肤选用拉贾斯坦邦传统建筑普遍的镂空石板，这样既能延续历史文化传统，又有一定的功能性，对周围环境起到一个缓冲作用。建筑一共三层，从外部看是个相对规整的矩形，外围矩形体块是教室、办公室等小空间，图书馆、报告厅等大空间以不规则弧形的平面形式布置在二、三层矩形中间，其底层架空。外层的建筑自身形成的

图 5-10 内部庭院

图 5-11 阶梯井式景观

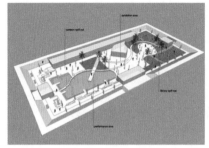

图 5-12 庭院模型

图 5-13 楼层模型

阴影可以减弱阳光对内部的影响，而庭院（图 5-10）上方的开敞部分则满足采光要求。一层架空部分使用阶梯井式（图 5-11）的水体景观，在炎热干燥的气候条件下，水景观是十分必要的。水边的台阶同时可以成为师生交流的空间，庭院空间则作为学生展览设计作品的地方（图 5-12、图 5-13）。当夜间沙漠温度下降后，地板会释放出热量，营造一个相对舒适的温度。

珀尔时尚学院已经成为沙漠地区校园建筑中一个成功的范例，是一个满足可持续发展的前沿设计方案，也是一个容纳历史遗产价值和当代文化的包容性建筑典范。

3. 卡尔沙遗产中心

Khalsa Heritage Center，阿南德普尔萨希布，2010 年，萨夫迪事务所

旁遮普邦政府为了纪念现代锡克教创始人戈宾德辛格撰写卡尔沙经文 300 周年，同时为庆祝锡克教成立 500 年，在旁遮普邦的阿南德普尔萨希布（Anandpur Sahib）镇筹建了卡尔沙遗产中心（图 5-14），邀请了国际知名事务所萨夫迪事务所（Safdie Architects）设计。设计师萨夫迪·摩西是加拿大籍以色列裔建筑师，曾在美国费城的路易斯·康事务所工作，之后在耶路撒冷、波士顿和蒙特卡洛筹建自己的建筑事务所。

萨夫迪的设计灵感来自旁遮普丰富的文化遗产，包括当地特色的自然环境和锡克教的教义文

图 5-14 卡尔沙遗产中心

图 5-15　阿姆利泽金庙

图 5-16　凹形尖顶展厅

化。卡尔沙遗产中心占地 70 000 平方英尺，像是一座城堡一般，临着峡谷鸟瞰附近的村镇，通过一座架在峡谷上的 540 英尺的栈桥连接着两地。卡尔沙遗产中心外墙使用旁遮普邦当地的砂石搭建，和附近的沙质悬崖和砂岩融为一体，和谐共处。建筑的设计灵感很多源自锡克教的圣地阿姆利泽金庙。阿姆利泽金庙被誉为"锡克教圣冠上的宝石"，是一座表面四分之三贴着金箔的寺庙，坐落在圣池中心，通过一座栈桥和四周联系，金碧辉煌的金庙（图 5-15）在阳光下熠熠生辉，显示出端庄姿态。卡尔沙遗产中心也以栈桥和周围产生着联系，建筑屋顶采用向上弯曲的凹形钢板，在阳光下也像金庙般闪闪发光，并且圆顶呼应锡克教圣地建筑中丰富的传统圆顶，但不是一味模仿成圆形穹顶，而是像皇冠一般。轻盈的屋顶和厚重的外墙形成对比，也象征着天空和土地、漂浮和深度的主题。

　　卡尔沙遗产中心包括入口广场、大礼堂、图书馆和交互的展示空间。在东侧面朝喜马拉雅山脉的五个凹形尖顶的展厅（图 5-16）展示着永久性的展品，五个高塔般的展馆组成一组建筑，"五"这个数字象征着锡克教中的五条"卡尔沙戒律"[1]，五条戒律同时也代表五种美德。

　　两层的图书馆围绕着一宏大且能俯瞰庭院水景的阅览室，图书馆存放着档案、书、杂志和音像制品，400 人的礼堂用做开展研讨会和文化活动。水景花园可以让参观者坐下来小憩，水的元素也是来自金庙的圣池，锡克教的教徒会用圣池的水来沐浴。

1　"卡尔萨戒律"以"5K"为标志：Kesh（终生蓄长须发）、Kangh（戴发梳）、Kacch（穿短裤）、Kirpan（身佩短剑）、Kara（戴手镯）这五件事在锡克教中具有特殊含义。蓄长发、长须表示睿智、博学和大胆、勇猛，是锡克教成年男教徒最重要的标志。戴发梳是为了保持头发的整洁，也可以促进心灵修炼。戴手镯象征锡克教兄弟永远团结。佩短剑表示追求自由和平等的坚强信念。穿短衣裤是为了区别于印度教教徒穿着的长衫。

4. 英吉拉·甘地国际机场 3 号航站楼

英吉拉·甘地国际机场（Indira Gandhi International Airport）是印度首都新德里首要的国际机场，位于新德里城市中心西南面 16 公里处，距离新德里火车站 15 公里，机场名以印度前总理女首相英吉拉·甘地的名字命名。随着新航站楼（Terminal 3）的运营，英吉拉·甘地机场已经成为印度乃至整个南亚最大和最重要的航空枢纽，2011 年 3 月至 2012 年 3 月，完成客运吞吐量 35 881 965 人次，客机 345 143 架次和 600 045 吨的货物吞吐量。在世界范围内，德里机场被国际机场理事会评为 1 500 万至 4 000 万级别中第二佳的机场，在全球机场客运吞吐量排名中位列第 37 位。

英吉拉·甘地国际机场作为世界第六大航站楼由美国事务所 HOK 设计，于 2010 年 7 月全面投入运营，所有的国际航空业务和部分国内航空公司业务从原先的 2 号航站楼转到了新航站楼，3 号航站楼已经成为新印度的标志。3 号航站楼占地 50.2 万平方米，从空中俯瞰就像一个向两侧伸出"臂膀"的长方体，屋顶的设计让整个建筑像是从地里长出来一样，折叠的屋顶结构向外延伸，遮盖住落客区，遮蔽着依依惜别的人群。3 号航站楼有两个层次，上层部分为出发区，下层部分为到达区，并配有 300 米长的公共区域。3 号航站楼是一座金属框架的玻璃幕墙围护建筑，宽敞的内部空间设计具有印度民族特色，墙面上在无数个黄色金属圆形装饰之间伸出 9 个硕大的金属手印，手印的姿态各不相同，大手的手掌心中还雕刻着一朵花朵。姿态各异的手印象征着印度具有宗教特色的传统文化（图 5-17），这些手印在印度传统舞蹈和瑜伽中也被大量使用。9 个手势分别代表 9 种不同的吉祥寓意，如生命的欢快和甜蜜、身体健康和平衡、慈悲奉献等等(图 5-18）。公共区域布置有了 50 000 个建筑照明灯和 20 000 平方米舒适的咖啡、餐饮和酒吧空间。

图 5-17　航站楼墙面佛教文化装饰

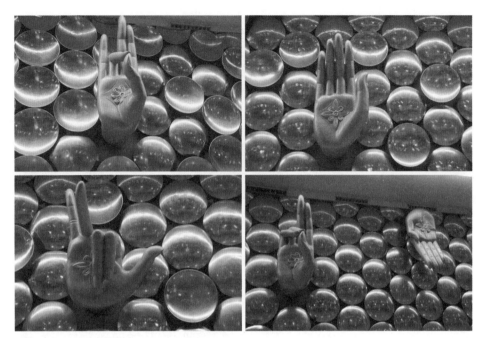

图 5-18　不同的佛手印

3 号航站楼采用了高效节能设备来节约能源，是印度第一个获得印度绿色委员会颁发的 LEED 金奖认证的机场。3 号航站楼强调使用自然光，建筑和室内装饰使用高度回收的材料，并使用电池供电车辆在两个航站楼之间运送乘客。

5.艾哈迈达巴德泰戈尔纪念会堂

拉宾德拉纳特·泰戈尔（1861—1941），印度著名诗人、文学家、社会活动家、哲学家和印度民族主义者。1861 年 5 月 7 日，拉宾德拉纳特·泰戈尔出生于印度加尔各答一个富有的贵族家庭。1913 年，他以作品《吉檀迦利》成为第一位获得诺贝尔文学奖的亚洲人。泰戈尔的诗中饱含深刻的宗教和哲学见解，他的诗在印度享有史诗的地位。泰戈尔是一位具有巨大世界影响的作家，共抒写了 50 多部诗集，被称为"诗圣"，还著写了 12 部中长篇小说、100 多篇短篇小说、20 多部剧本以及大量文学、哲学、政治论著，并且创作了 1 500 多幅画，谱写了难以统计的众多歌曲。

我国周恩来总理曾评价道："泰戈尔不仅是对世界文学作出了卓越贡献的天才诗人，还是憎恨黑暗、争取光明的伟大印度人民的杰出代表。"1924 年泰戈尔对中国的访问在近代中印文化交流中留下了一段佳话，当时国内作为陪同和翻译的是林徽因和徐志摩。

1961 年为纪念泰戈尔诞辰 100 周年，印度政府在古吉拉特邦首府艾哈迈达巴德市建造了一座泰戈尔纪念会堂（Tagore Memorial Hall in Ahmedabad），时任印度总理的尼赫鲁为纪念会堂建设奠基题词，奠基石至今仍保存在会堂的入口处（图 5-19）。该会堂是一座现代化的小型多功能剧院，具有会议、报告和小型演出功能（图 5-20）。建筑的外立面是素面混凝土，带有柯布西埃的建筑风格（图 5-21），

图 5-19　泰戈尔纪念会堂奠基石

图 5-20　纪念堂外观

建筑的西面就是柯布西埃 1952 年设计的城市博物馆。虽然建造的年代相差十几年，但是两座建筑遥相呼应，建筑风格相互统一。会堂西立面的墙上是泰戈尔的金属雕像，颇有现代艺术的抽象韵味（图 5-22）。会堂的前厅呈弧线形，两侧的墙面上是狮子（北）和大象（南）的彩色绘画。狮子和大象既是印度百姓喜爱的

图 5-21　素混凝土表面

图 5-22　抽象的泰戈尔金属雕像

图 5-23 狮子壁画

图 5-24 大象壁画

图 5-25 观众厅室内

图 5-26 艺术面具

动物，也是印度的吉祥物（图 5-23、图 5-24）。会堂虽然空间不大，但设计紧凑，500 座位的观众厅看起来十分宽敞（图 5-25）。为解决后排的升起问题，部分座位突出在门厅的上空，充分利用了高大门厅的上部空间。突出部位的外表面上悬挂着具有印度艺术特征的面具，削弱了弧形体量的臃肿单调感（图 5-26）。建筑主体的南

图 5-27 室外疏散楼梯和坡道

侧对外布置疏散楼梯和残疾人坡道（图 5-27），以满足观众席的人流疏散要求。

第二节　商业建筑

1. 托特屋

孟买，2009 年，思锐建筑师事务所

托特屋（The Tote，图 5-28）坐落在孟买一个废弃的历史殖民建筑皇家赛马场，托特是很多改造的殖民建筑之一，现在它被改造成一个餐馆。严格的历史保护规则确保将原有建筑沿着整个屋顶轮廓完全地保护下来。工程项目比较复杂，结合了历史建筑的修复和原先的作为宴会功能的侧楼

图 5-28　树形托特屋

的拆除重建。作为历史保护项目，托特屋面临着两大挑战，首先要避免破坏历史建筑的历史面貌，其次要充分考虑到赛马场的深层特点。建筑面积为 2 500 平方米，改造后的功能包括酒廊、餐厅、咖啡厅和宴会厅。地块的周围环境并不是殖民风格建筑而是大量的雨林，整个建筑终年被雨林树叶所遮蔽。思锐建筑师事务所在原有的旧建筑外壳中建立了一个新的结构来支撑旧的拱顶，使旧建筑和新的餐饮功能重新组合起来。树形结构定义出若干空间体，每个不同的餐饮设施处

图 5-29　树状结构

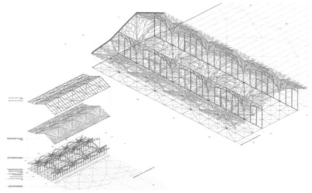

图 5-30　屋顶结构

在不同的空间体中。

　　该项目最具开创性的方面是在施工过程和设计结构过程中使用数字技术。其结构设计使用CAD和3D模型工具，对树状结构（图5-29）进行分析和研究。项目的挑战是要使尖端技术和当地的制造技术相匹配，为了确保高精度，思锐建筑师事务所并没有将制造任务交给建筑施工业的钢构件制造商，而是交给了锅炉制造商。桁架截面形状选择了工字形，以便于激光切割以及边缘焊接和精确地装配（图5-30）。树形桁架在分支处平滑渐变，这样能够减少焊接点，因此最终的成品几乎看不到焊接点，看起来就像整体的曲线结构。上层的休闲吧采用复杂的三维木镶板，这是一种隔音材料，形状也采用交叉的树木状。思锐建筑师事务用三点坐标系统，使当地的工人能够用粗糙简单的工具做出高水平的室内装修效果。

　　建筑墙面选用全透明落地玻璃，使外面的人能够清楚地看到室内的树状结构，并且能够透过建筑看到建筑另一侧雨林的树干，建筑因此自然地和环境融为一体，并不至于淹没在环境中。

2. 卡斯特罗咖啡馆

新德里，2008年，罗米·科斯拉设计工作室

　　卡斯特罗咖啡馆（Castro Café，图5-31）是印度新德里的一个大学里的食堂，由印度设计事务所罗米·科斯拉设计工作室（Romi Khosla Design Studio）于2010年设计建成。这个事务所主要的设计师是罗米·科斯拉和马坦达·科斯拉，事务所设计范围广泛，从公共建筑、住宅、教育机构到室内设计都有涉猎。

图5-31　卡斯特罗咖啡馆

　　卡斯特罗咖啡馆附近是文化中心、礼堂、大众传媒中心，这里是整个校园社会活动的集聚地段。印度大部分的食堂是没有空调的，通风不良，新德里的夏季温度达到45摄氏度以上，冬季温度低至5摄氏度，夏季炎热、冬季寒冷造成食堂温度很不舒适。罗米·科斯拉事务所将食堂设计成半露天的咖啡馆，能够达到很好的通风效果，以适应印度一年中大部分的环境温度以及各种气候条件，形成

独特的大学建筑设计。体量上，建筑的东面是厨房部分，厨房设计成一个完全封闭的体块。建筑从厨房向西延伸，从厨房到就餐处再到室外是一个空间由封闭到开放的过渡过程。厨房是完全封闭的，从厨房延伸出来的简洁的屋顶和两侧不到屋顶的墙体围合成半封闭的空间，再往外就只有屋顶、地板和一侧墙面，最后是只有地板没有墙体和屋顶的室外空间。从室内向室外过渡，桌子和椅子的样式也配合墙面和天花板一起变化。该设计试图模糊室内和室外的界限，以适应新德里的气候条件，并且让室外环境渗透进室内。卡斯特罗咖啡馆的建筑构件清晰而且相互独立，地板、墙壁和屋顶互相不接触，看上去简洁明快。它同时也是该大学里的第一个钢结构建筑。

3. 公园酒店

海得拉巴，2010 年，SOM 建筑设计事务所

由纽约 SOM 建筑设计事务所设计的海得拉巴的公园酒店（Park Hyderabad Hotel，图 5-32），是为公园酒店集团设计的旗舰店。这个 53 万多平方英尺的酒店是一个现代且可持续发展的建筑，它的设计受当地著名宝石和纺织品的设计影响。这个建筑致力于创造既具有海得拉巴本土建筑特色，又同时能够结合最新的可持续发展策略和技术的建筑。

图 5-32　海得拉巴公园酒店

这个项目独特的可持续发展设计策略，特别关注了建筑的选址、光线和景观，对太阳能的研究影响到建筑定位和构建概念。建筑空间主要集中在南北面，服务空间在西面可以减少热量对其他功能的影响，酒店的房间布置在能够看到更多景观的高处。建筑三面环绕着中央庭院，从升高的酒店大堂进入，灵活的户外区域可以作为餐馆的扩展部分，而且免受强风影响。中庭除了私人餐厅外还有一个游泳池，中庭的光线透过玻璃可以映照在游泳池的水面上，而从游泳池区域和下面的夜总会也能够看到中庭。户外庭院被设计成可以从大厅、餐馆、酒吧等围绕它的空间进入的多功能空间。

建筑外观根据内部的需要设计成一系列的透明、穿孔和压花金属幕墙，高性能的玻璃系统在保证隐私的同时允许阳光能够进入内部。酒店附近有火车站，面对火车站的一面使用不透明的覆盖物，保证能够很好地隔绝火车的嘈杂声以及避免火车站拥挤的景象进入顾客的视线。酒店正面的三维图案受到海得拉巴历史上的统治皇帝尼扎姆王冠上的金属制品的影响。

和制造商、研究人员的协作在低能耗建筑中的作用至关重要，数据收集是在新泽西州的史蒂文斯理工学院实验室进行的，因此，设计团队能够减少 20% 建筑能源使用，现场水处理和污水都释放到城市污水处理系统中。

公园酒店的所有者描述这座建筑为"一座现代的印度宫殿，刷新了当今印度的面貌"。海得拉巴的公园酒店是印度第一个获得 LEED 绿色建筑认证的酒店，被授予"最佳新酒店项目"。

4.RAAS 酒店

焦特布尔，2011 年，莲花建筑设计事务所（The Lotus Praxis Initiative）

位于拉贾斯坦邦焦特布尔旧城中的 RAAS 酒店（RAAS Jodhpur，图 5-33），建在梅兰加尔堡基础上的一块面积为 0.6 公顷的地段上，地块上保留了三个 17—18 世纪的古老建筑。RAAS 酒店在老建筑的基础上改建成拥有 39 间客房的豪华精品酒店，具有历史感的旧建筑和宽大的庭院成为这个酒店的特色。

图 5-33　RAAS 酒店

酒店将三座原先是别墅、附属建筑和马房的老建筑保护起来，让当地的工匠用原始的建筑材料进行修缮。由于这些建筑占地面积比较小又具有特色，所以将其作为可以让所有客人一起使用的公共空间，如餐厅、温泉、游泳池和开放式酒廊。老建筑（图 5-34）中还布置了 3 间传统套房，其他 36 间房间布置在新建筑中。新建筑（图 5-35）为了能够和老建筑融为一体，采用了相同的材料。新建筑的外墙构造采用了拉贾斯坦邦的传统建筑中的双层构造——迦利，内层的墙壁采用白色，外层表皮使用镂空的可折叠石格窗，既可以实现冬暖夏凉，又能够提供私密性。

图 5-34　老建筑

图 5-35　新建筑

这些石格窗不仅能够和附近山坡上的城堡旧址呼应，与环境融为一体，而且还能被折叠收拢，将城堡的美景尽收眼底。新楼的石格窗外立面相对轻盈细腻，和老建筑的厚重粗犷形成对比，将老建筑的传统手工艺和材料清晰地呈现出来，同时也展现出新建筑的现代感。

　　庭院内的景观绿地类似于泰姬陵的十字形庭院，还用坑道把所有的雨水都收集起来，由专业的水处理公司进行处理，污水被 100% 地利用。酒店的家具使用当地的一种硬木制成。当地材料的使用造就了 RAAS 酒店的传奇，焦特布尔传统手工艺具有顽强的生命力，石雕、金属工艺和木雕都是当地的特色手工艺，简单的材料经过艺术家和工匠加工之后就变成了富有感染力又具有奢华感的艺术品。

第三节　住宅建筑

1. "安蒂拉"

　　孟买，帕金斯威尔建筑事务所

　　帕金斯威尔建筑事务所（Perkins+Will Architects）是可持续发展设计的先行者这一，在 2010 年全美绿色建筑设计公司中排名第一。帕金斯威尔建筑事务所设计 "安蒂拉"

图 5-36　"安蒂拉"

（Antilla，图 5-36）是印度富豪穆克什安巴尼为自己在孟买市中心打造的一座高达 173 米高的摩天住宅，取名"安蒂拉"的意思是神话中的小岛。该住宅造价 20 亿美元，是世界上最贵的私人豪宅，奢侈的住宅中住着穆克什一家 6 口和 600 名全日制仆人。"安蒂拉"看起来像是一栋办公楼。11 万多平方米的豪宅功能完备，1~6 层是特大停车场，能够容纳 168 辆私人轿车，第 7 层用于汽车维修，还有一个两层的健身俱乐部、一个两层的家庭医院、一层的娱乐中心，娱乐中心里有可以容纳 50 人的电影院。主人房位于 19~22 层，仆人宿舍区在 22~25 层，楼顶还有一个直升机停机坪。

"安蒂拉"是一座绿色建筑，拥有四层空中花园，可以调节气候和供人参观欣赏。空中花园将下层的停车场以及会议室和上层的住宅区相隔离，营造更好的居住环境。除了空中花园，1~6 层停车场的外墙覆盖着墙面植被（图 5-37）。建筑上部的 2/3 部分的重量主要靠 9~12 层空中花园两侧的两组"W"形的钢支架支撑，让整个楼看着像是错落的"空中楼阁"，又像是多本堆砌在一起的书（图 5-38）。"安蒂拉"的建筑材料玻璃、钢材和瓷砖均来自当地，并且采用节能设计，大楼外部材料可以储存太阳能。

"安蒂拉"的室内设计由来自美国的室内设计公司打造，按照"当代亚洲"风格设计，并且深受印度传统习俗"雅仕度"的影响，室内每层的装饰用料都绝不重复，且奢华至极，以第八层酒店式大堂为例，宴会厅楼梯扶手全部覆盖白银，天花板 80% 面积挂满水晶吊灯。

2. 果园雅舍

艾哈迈达巴德，2004 年，拉胡·梅罗特拉

果园雅舍（House in an Orchard）坐落在艾哈迈

图 5-37 墙面植被　　　图 5-38 "安蒂拉"模型

达巴德以北的一座占地面积 8.1 万平方米的芒果园中心，是一个家庭周末度假的别墅。别墅位于果园中央，远离喧嚣，在夏日也可以在绿阴遮蔽下消暑。果园雅舍的设计师是拉胡·梅

图 5-39　果园雅舍平面

罗特拉（Rahul Mehrotra），他毕业于艾哈迈达巴德建筑学院，后在哈佛大学获得城市设计硕士学位，之后在密西根大学建筑和城市规划学院授课，在 1990 年开设 RMA 建筑事务所（RMA Architects）。

别墅的平面（图 5-39）是一个不等臂的十字形，中间的起居室作为一个联系的空间，十字形的每一个"手臂"都布置不同的功能：主入口和访问区域被围合成一个封闭的入口庭院；入口对面是餐厅、厨房和辅助空间；两翼分别为主人用房和客人用房。主人用房在最长的一条"手臂"处，通过一个庭院和其他部分分离，保证一定的私密性。起居室可以通过大型的移动门向庭院打开，这意味着当大型的玻璃移动门打开后，可以获得大面积额外的空间。庭院成为别墅的灵魂，庭院作为室内外模棱两可的地带，避免了十字形平面带来的过分严格的刚性划分。

庭院里沿着长边布置了一条狭长的水池（图 5-40）和一面覆盖蓝色材料的墙，蓝色代表着无所不在的蓝天，水池倒映了蓝色的墙面色彩后也变成蓝色，水、墙、天空连成一片，水平的空间构成被转变为向天空方向的垂直构成。水池延伸到起居室，将蓝色一起引进室内（图 5-41），暗示着室外向室内渗透的概念。清凉的蓝

图 5-40　果园雅舍的水池和蓝色墙面

图 5-41　果园雅舍室内

色给炎热的印度气候条件下的小屋带来了宁静。梅罗特拉不仅运用了蓝色，还用红色来统领入口餐饮区，颜色在这座建筑中成为一个元素。建筑师用色彩平衡室内外空间的做法，完全源于印度人对强烈对比色彩的热爱，印度人在日常生活中就穿着华丽色调的服装。

建筑外墙使用当地开采的砂岩，入口处使用粗糙的混凝土框架，让人联想到柯布西耶，还让人联想到印度宏伟的历史建筑，同时也在呼应着附近的沙漠气候。相对于室外的现代化，室内显得具有印度传统特色。室内还为住户营造了交流的空间，让家人聚在一起。屋顶被设计成屋顶花园、阳台，是乘凉的好去处，也是远眺整个芒果园的好视点，而屋顶空间也是庭院空间这个设计主题的延伸。

3. 巴尔米拉棕榈住宅

由比贾·贾因（Bijoy Jain）设计的巴尔米拉棕榈住宅（Palmyra House）位于孟买阿拉伯海外，两座靠近海滨的小屋成为躲避大都市喧嚣的避难所（图 5-42、图 5-43）。住宅面海而建，掩映在沿海农业带的广阔椰林中，靠近孟买南部的楠德冈渔村。住宅的功能被分配在两座相互偏移的长方形体块中，两者之间的广场上布置长条形的泳池，场地内的三口水井为住户提供用水，水储存在水塔中，通过重力作用供给房屋使用。建筑的最大特色是它的用棕榈树的树干做的百叶窗立面，纯天然的材料和周围的椰子林和谐共生，百叶立面良好的遮阳效果能够抵御印度炎热的气候，百叶立面的通风能力让住宅内随时能够感受阿拉伯海的舒爽海风，同时多样化的光影效果带来良好的视觉体验。巴尔米拉棕榈住宅结构用艾木

图 5-42　巴尔米拉棕榈住宅

图 5-43　巴尔米拉棕榈住宅室内

制成，外墙、地基和道路用当地的玄武岩堆砌而成，石膏饰面用当地砂石着色。建筑的设计是由建筑师和当地的手工艺人一同合作完成的，这是一个当地技术和外来技术相结合的成功试验[1]。

4. 塔塔社会科学研究院

图尔贾普尔（Tuljapur），2000年，RMA建筑事务所

RMA建筑事务所设计的塔塔社会科学研究院（图5-44、图5-45）位于遥远的马哈特拉施特邦的腹地。这片宽广的丘陵地区的地形地貌是决定设计的重要方面，这座建筑和环境的关系，体现了建筑的个性。

塔塔社会科学研究院主要分为三个个体建筑（图5-46）：两栋宿舍和一个餐饮区及其配套的厨房。三个建筑沿着复杂的庭院布置，这在当地是典型且重要的建筑形式。庭院作为一个集会和交流的地方，同时也是度过凉爽夜晚时光之处，是印度人生活中交互性比较强烈的一个重要场所。庭院鼓励人们在一起交流和促进关系的发展，相当于一个开放的起居室。设计将学生安排在一个不熟悉、奇怪的、遥远的环境里，因此不得不考虑把人们带到建筑的中心来进行交流，社会科学这个最基本的主题也需要反映在设计中，因此对于社会生活的强调成为设计的一部分。女宿舍和男宿舍被设计成两个近乎正方形的建筑，分别安排在庭院相对的两面，被庭院一边分割着，一边联系着。入口正对着庭院布置，和男女宿舍对称。第三个方形，比其余两个稍微大一些，布置的是餐饮区以及配套的厨房设施。它靠近庭院，但是偏移中心轴线一段明显的距离。庭院反倒成为建筑的一个组成部分，明显的轴线关系被避免了，首先厨房被尽量放在外围，移动暗示着运动。由于地形的高低交错，第三个方形的偏移也显得很有逻辑性。梅罗特拉从主入口处到庭院建立了一个看似完全对称的图形，但是运用地形的错综复杂将建筑的轴线关系取消。他建立了两个令人兴奋却又截然相反的主题，斜坡作为除了轴线外的第二个主题，让地形也能被身体感知。外围的围墙将独立的建筑联系在一起，这个建筑从内部看被分为三部分，但从外部看就是一个整体。在这里梅罗特拉意味深长地通过建筑来阐释地形，让地形成为建筑的一部分。坡度的出现柔滑了僵硬的几何形体，地形的变化在中央庭院尤其明显，台阶被用来提高庭院的空间体验。

庭院还有另一个非凡的功能：控制气候。降低室内温度在印度建筑设计中具

---

1 巴尔米拉棕榈住宅[J].世界建筑，2011（05）.

有重要的意义，庭院就意味着空气和光能间接地进入室内。拉胡·梅罗特拉不仅利用庭院，还利用丘陵地带的环境，戏剧性地设计了最让人深刻的元素——风塔（图5-47）。他设计的数个高耸的塔楼在最高点捕捉风，并将其带到下面的房间，尤其是宿舍中。这是一个富有想象力的生态学建筑学方法，利用自然而不是习惯于用昂贵的人工空调系统来控制室内环境，风的捕捉概念来自于古代的伊朗。这组建筑的材料有节能上的考虑，使用当地随处可见的玄武岩作为主要的用材，因为它是唯一的当地材料，不需要长途运输。天花板（图5-48）使用狭长的拱状轻

图 5-44　塔塔社会科学研究院外部

图 5-45　塔塔社会科学研究院

图 5-46　风塔

图 5-47　塔塔社会科学研究院平面

图 5-48　拱形天花板

混凝土，轻混凝土能够承受很重的荷载，同时又节省材料且价格合理。承重墙是用未着色的玄武岩，保留其原有的粗糙表面和色彩。材料传递了一种保护、坚固、安全和正直之感。坚固的材料和高耸的塔楼很容易让人联想到中世纪的城堡，让居住者感觉在这个内向性和生态的居住小区里被保护着。整个建筑没有使用石膏板和过多的涂料色彩，有的只是看着经久不衰的玄武岩，这让建筑在漫长雨季中保持寿命，让它不需要持续地维护和修复。梅罗特拉的建筑在矛盾中成长：水平方向的建筑单体通过垂直的塔进行强调；顺应地形消解人工的轴线；封闭的外部空间和敞开的室内空间进行对比；具有几何的刚性和流动的主题。

第四节　寺庙与陵墓

1.巴哈伊灵曦堂（莲花庙）

巴哈伊灵曦堂（Baha' I House of Worship），俗称莲花庙（Lotus-domed Temple），位于德里的东南部。莲花庙是一座风格别致的建筑，既不同于印度教神庙，也不同于伊斯兰教清真寺，甚至同印度其他比较大的教派的庙宇也无无相似之处。它建成于1986年，是崇尚人类同源、世界同一的大同教（巴哈伊信仰）的教堂。

世界大同教由波斯人创立于公元19世纪中叶，至今已有150年的历史，1948年为联合国所承认并接纳，是一个独立的世界性宗教。它的教义包罗万象，强调人类一家、世界的平等、博爱等。巴哈伊信仰者

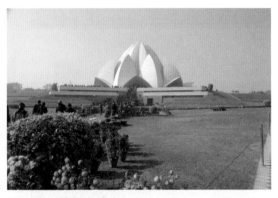

图 5-49　莲花状造型

图 5-50　外围的水池

在全球各地先后建设了七座灵曦堂，而德里的灵曦堂是最新、最有创意、造型最为独特的一座（图5-49）。设计受到印度宗教崇拜莲花的启发，整个建筑呈莲花状，外层用白色大理石贴面。莲花的每层有九个花瓣，外围有九个圆形水池（图5-50）。寺庙占地面积26.6公顷，主体建筑从顶尖至地面高度达34.27米，底座直径70米，中央大厅座位可容纳1 300名人。在其周围还有办公楼、会议厅、图书馆及视听中心等配套建筑。该庙堪称现代建筑设计的杰作，与澳大利亚悉尼歌剧院的风帆造型颇多类似。

2. 斯瓦米纳拉扬神庙

斯瓦米纳拉扬神庙（Swaminarayan Akshardham Temp），位于亚穆那河畔，占地100公顷，全部工程耗资20亿卢比，这一切都是为了纪念印度教文化的代表性人物纳拉扬（Bhagwan Swaminarayan）。

该寺庙被认为是迄今为止印度最大的神庙（图5-51）。Akshardham在新德里代表着上万年惊人的伟大、秀丽、智慧和极乐的印度文化，它精采地陈列了印度古老的建筑学、传统和永恒的精神精华。宏伟的斯瓦米纳拉扬神庙经过五年时间，由11 000名工匠和志愿者修造完成，在2005年11月6日开放。整个建筑由赭红色砂石和白色大理石构成，主殿长113米，宽96米，高29米，

图5-51 斯瓦米纳拉扬神庙

有9个穹顶和239根装饰柱。主殿结构坐落于148只全尺寸大象雕像上。殿中有3米高纳拉扬镀金神像一座及2 000多座印度教其他神像，四周供奉着克利希那神（比湿努神的肉身）、悉多神（佛陀的老婆）和雪山女神。墙壁上悬挂着细密画，描绘纳拉扬的一生。

主殿四周为二层柱廊环绕，柱廊内刻有印度史诗故事。神庙内绿茵遍地，布满莲花状水池，美轮美奂。神庙内大量采用高清电影、电动机械及声光效果等现代技术，游客可以在神庙内观看介绍纳拉扬的影片和乘小船浏览印度文化展。

3. 圣雄甘地墓

圣雄甘地墓（Rajghat）或甘地陵园（Gandhi Cemetery，图 5-52），位于印度的首都新德里东部的亚穆那河畔。陵园的陵墓没有任何装饰，极其简朴，中央用黑色大理石筑成一个四方形平台，标示着圣雄甘地 1948 年被刺杀后火化的地点，是纪念印度近代史中杰出的政治家的安息之地。甘地为反对英国殖民者的统治，为印度争取独立而奋斗终生，被印度人尊为"国父"。黑色平台正中是一长明火炬，象征甘地精神永存。很多外国来宾都到此献上花圈或种植一棵常青树，以表示对这位印度民族独立运动领袖的尊敬。

墓地出口处有一石碑，刻有摘自甘地 1925 年所著的《年轻的印度》一书中所列的"七大社会罪恶"：搞政治而不讲原则；积财富而不付辛劳；求享乐而没有良知；有学识而没有人格；做生意而不讲道德；搞科学而不讲人性；敬神灵而

图 5-52　圣雄甘地墓　　　　　　　图 5-53　印度独立后已故总理火葬台

不作奉献，表达了甘地的人生观。

在甘地火葬台北面还有印度独立后已故四位总理尼赫鲁、夏斯特里、英·甘地和拉·甘地的火葬台（图 5-53）。

小结

随着印度经济进入新一轮的增长期，从 1996—2006 年的十年间，印度 GDP增长平均值在 6% 左右，这对印度建筑业的影响是非同一般的。快速发展促进了印度的当代建筑热潮，印度本土和外国建筑师在这片建筑业迅速膨胀的大地上设计了一栋栋出色的建筑。除了本章所列举的基础设施、商业建筑、住宅建筑这三大类建筑外，还有大量的摩天楼、购物中心、信息技术产业园等建筑取得突出成就。当代的印度建筑已经越来越与国际接轨，由国际著名建筑师和著名建筑师事务所所设计的建筑也越来越多，孟买、班加罗尔等现代化城市已经呈现出一幅国际化都市的面貌。除了国际风的建筑外，印度很多地域性建筑非常优秀和值得借鉴。印度的气候环境造就它的地域性建筑特点，表现为以下几个特点：

（1）具有良好的遮阳和通风作用；

（2）具有庭院和露台等特征；

（3）低造价，使用本土的技艺；

（4）外观朴实无华，接地气。

印度现代建筑在 20 世纪 90 年代之后的发展呈现国际化的倾向，但并没有跳脱对印度这一个特定的地域和气候的思考，相信这将是一个永远的重要要素。在全世界建筑当下的探索中，印度现代建筑将是流光溢彩，绽放独特的光芒。

结　语

印度从 1947 年开始了现代建筑的新篇章。在独立后的政治和社会环境的影响下，印度国内大兴土木，建筑行业迅速发展。印度急于发展成为现代化国家的内在需求，使得现代主义建筑盛行，混凝土建造的简洁立面、自由平面的现代建筑如雨后春笋般出现在印度国内，人们认为"国际风"的进步科技能够解决印度独特的自然气候条件，因此出现了很多千篇一律的方盒子建筑。

1951 年昌迪加尔新城的建造成为印度现代建筑的标志，现代建筑大师柯布西耶对昌迪加尔的规划和设计，是印度现代建筑史上不得不提到的一笔，同时昌迪加尔的新建筑也成为柯布西耶的代表作品之一。柯布西耶在印度的建筑考虑了很多地方的气候条件和环境特点，他使用大挑檐、格架来阻挡阳光直射，形成浓烈的阴影以降低室内温度，用架空的顶棚形成空气层，既隔热又有利于通风和热气疏散。而路易斯·康则以他一贯的"诗哲"姿态对印度的现代建筑进行解读，他设计的印度管理学院（艾哈迈达巴德分院），是一座注重气候环境同时也关注精神性的建筑，对建筑材料红砖的使用，被认为是适合印度地域性的选择。印度管理学院也成为路易斯·康最后一座建筑，被后人所铭记。英裔建筑师劳里·贝克则是一位被印度化的建筑师，他生活在印度，设计在印度，最后也加入了印度国籍。贝克对印度的气候条件和社会背景做了深刻的研究，反复推敲如何建造适合穷人的低造价住宅，创造性地改造了当地的砖砌方式，设计了砖格窗这一带有他个人特点的建筑素材。

印度的现代建筑是一部西方建筑师和本土建筑互相学习、互相进步的历史。本土建筑师受西方建筑师影响，发挥本土特色，创造出属于印度的现代建筑；地域主义建筑在印度发展也很出色，建筑师们从本土文化中汲取养分，结合气候环境条件，发展具有当地特色的建筑。查尔斯·柯里亚、B.V. 多西和拉杰·里瓦尔都是其中的佼佼者。柯里亚在建筑理论方面成就较多，他的对空空间、管式住宅、形式服从气候等理论都是从印度人们的生活习惯和气候特点中提炼出来的。柯里亚不仅在建筑上有所成就，在城市规划上也同样杰出，他对新孟买的规划解决了孟买老城难以维持日益增长的城市职能需求问题，以新的卫星城的建设满足群岛地区的城市扩张需求。印度建筑师 B.V. 多西在建筑教育界具有一定的威望，他的设计作品颇具特色，对于古老印度文化的深刻理解使他的建筑充满了不一样的印度特色，对碎瓷片的应用成为他的一个个人特征。拉杰·里瓦尔同样是一位杰出的印度建筑师，他设计的低造价住宅体现了人性化的建筑特点。

1990 年之后，受经济全球化的影响，印度经济迅速发展。同样也受到建筑国际化影响，印度建筑师中出现了一些文化反省倾向，新一代建筑师如哈菲兹、罗米·科斯拉、拉胡·梅罗特拉等，寻找和关注美学，跳脱了风格限制，设计了新一代更加国际化的建筑，做出了积极的本土化的实践探索。

中英文对照

地理位置名称

艾哈迈达巴德：Ahmedabad

阿里巴格：Alibagh

阿南德普尔萨希布：Anandpur Sahib

班加罗尔：Bangalore

博帕尔：Bhopal

昌迪加尔：Chandigarh

德里：Delhi

贾恩大道：Janpath Road

斋浦尔：Jaipur

焦特布尔：Jodhpur

喀拉拉邦：Kerala

加尔各答：Kolkata

马哈拉施特拉邦：Maharashtra

孟买：Mumbai

新孟买：Navi Mumbai

新孟买经济特区：Navi Mumbai Special Economic Zone

新德里：New Delhi

议会街：Parliament Street

本地治里：Pondicherry

浦那：Pune

布里：Puri

罗巴尔：Ropar

西瓦利克：Shivalik

特里凡得琅：Triruvananthapuram

图尔贾普尔：Tuljapur

瓦西：Vashi

人物名称

阿克亚特·坎文德：Achyut Kanvinde

阿尔伯特·迈耶：Albert Mayer

安东尼·雷蒙：Antonin Raymond

奥古斯特·贝瑞：Auguste Perret

B.V. 多西：Balkrishna Vithaldas Doshi

多科特：B.E.Doctor

纳拉扬：Bhagwan Swaminarayan

比贾·贾因：Bijoy Jain

本杰明·波尔克：Benjamin Polk

巴拉：Bhalla

梅农：C.Achutha Menon

查尔斯·柯里亚：Charles Correa

杜尔戈·巴吉帕伊：Durga Bajpai

爱德华·斯通：Edward Durell Stone

福尔诺：Fourneau

哈比伯·拉曼：Habib Rahman

詹姆斯·兰森：James Ransome

简·德鲁：Jane Drew

拉杰：K.N.Raj

劳里·贝克：Laurie Baker

勒·柯布西耶：Le Corbusier

路易斯·康：Louis Kahn

马修·诺维奇：Matthew Nowicki

马克斯韦尔·弗赖：Maxwell Fry

侯赛因：M.F.Hussain

米森纳德：Missenard

诺瓦耶：Noailles

库雷特：Paul Philippe Cret

彼得·贝伦斯：Peter Behrens

皮鲁·莫迪：Piloo Mody

波利尼亚克：Polignac

拉胡·梅罗特拉：RahulMehrotra

拉杰·里瓦尔：Raj Rewal

贾伊·辛格二世：Sawai Jai Singh

赫伯特·贝克：Sir Herbert Baker

钱德达特：T.R.Chandradutt

建筑事务所

HOK 建筑师事务所：Hellmuth Obtat Kassabaum

形态发生事务所：Morphogenesis Architects

贝聿铭工作室：Pei Cobb Freed & Partners

帕金斯威尔建筑事务所：Perkins+Will Architects

RMA 建筑事务所：RMA Architects

罗米·科斯拉设计工作室：Romi Khosla Design Studio

萨夫迪建筑事务所：Safdie Architects

桑珈建筑事务所：Sangath

思锐建筑师事务所：Serie Architects

SOM 建筑设计事务所：Skidmore, Owings and Merrill LLP

潘瑟齐事务所：Talati & Panthaky Architects

莲花建筑设计事务所：The Lotus Praxis Initiative

建筑名词

雅典卫城：Acropolis

阿格拉堡：Agra Fort

阿旃陀石窟：Ajanta Caves

穹顶的主体结构：Anda

安蒂拉：Antilla

阿育王饭店：Ashoka Hotel

艾哈迈达巴德大楼：ATIRA

巴哈伊灵曦堂：Baha'I House of Worship

卡斯特罗咖啡馆：Castro Café

喀拉拉发展研究中心：Centre for Development Studies

贾特拉帕蒂·希瓦吉国际机场 2 号航站楼：Chhatrapati Shivaji International Airport–Terminal 2

城市和工业发展合作项目：CIDCO

艾哈迈达巴德城市博物馆：City Museum Ahmedabad

新德里教育学院：Education Institute of New Delhi

法塔赫布尔·西克里：Fatehpur Sikri

福特基金会总部：Ford Function Headquarters

甘地陵园：Gandhi Cemetery

圣雄甘地纪念馆：Gandhi Smarak Sangrahalaya

戈尔孔德住宅：Golconde Residential Building

方形扶栏：Harmika

高级法院：High Court

侯赛因—多西画廊：Husain—Doshi Gufa

里拉·梅隆住宅：House for Leela Menon

果园雅舍：House in an Orchard

印度咖啡屋：India Coffee House

印度国际中心：India International Centre

印度管理学院：Indian Institutes of Management

印度国会图书馆：India Parliament Library

英吉拉·甘地国际机场 3 号航站楼：Indira Gandhi International Airport–Terminal 3

印孚瑟斯园区：Infosys

迦利：Jali

简塔·曼塔天文台：Jantar Mantar Observatory

斋浦尔艺术中心：Jawahar Kala Kendra

约瑟夫·艾伦·斯坦因：Joseph Allen Stein

干城章嘉公寓：Kanchanjunga Apartments

坎赫里石窟群：Kanheri Caves

克什米尔会议中心：Kashmir Convention Center

卡尔沙遗产中心：Khalsa Heritage Center

议会大厦：Legislative Assembly

罗哈：Lodha

莲花庙：Lotus-domed Temple

罗耀拉教堂：Loyola Chapel

圆形底座：Medhi

对空空间：Open to Sky Space

皇宫酒店：Palais Royale

公园酒店：Park Hyderabad Hotel

帕提农神庙：Parthenon

珀尔时尚学院：Pearl Academy of Fashion

巴尔米拉棕榈住宅：Palmyra House

普拉维亚·梅雨塔：Pravina Mehta

红堡：Red Fort

甘地墓：Rajghat

亚哈：R.K.Jha

建筑学院（艾哈迈达巴德）：School of Architecture

神庙：Shri Jagannath Temple

希利斯·帕泰雨：Shirish Patel

秘书处大楼：Secretariat Building

窣堵坡：Stupa

高等法院大楼：Supreme Court Building

斯瓦米纳拉扬神庙：Swaminarayan Akshardham Temp

斯文顿·雅各布：Swinton Jacob

艾哈迈达巴德泰戈尔纪念会堂：Tagore Memorial Hall in Ahmedabad

塔塔社会科学研究院：Tata Institute of Social Sciences Rural Campus

管式住宅：Tube House

国民议会大厦（博帕尔）：Vidhan Bhavan Government Building

韦戈亚中心：Vigyan Bhavan

毗楼博叉天寺庙：Virupaksa Temple

耶鲁大学艺术画廊：Yale University Art Gallery

波浪岩：Wave Rock

"世界第一"楼：World One

其他

水星：Budh，Mercury

月亮：Chandra，Moon

木星：Guru，Jupiter

彗星：Ketu

火星：Mnagal，Mars

日食：Rahu

土星：Shani，Saturn

金星：Shukra，Venus

太阳：Surya，Sun

孟加拉工程学院：Bengal Engineering College

环境规划和技术中心（艾哈迈达巴德）：Centre for Environmental Planning and Technology, CEPT

乡村发展科技中心：Centre for Science & Technology for Rural Development，COSTFORD

卡诺利亚艺术中心：Kanoria Centre for Arts

环境设计研究中心（多西）：Vasut ShilPa

视觉艺术中心：Visual Arts Centre

卢迪地产：Lidhi Estate

图片索引

第二章 印度现代建筑初期

第三章　西方现代建筑大师实践期

第四章　印度本土建筑师探索期

参考文献

中文专著

[1] [美] 罗兹·墨菲. 亚洲史 [M]. 第 6 版. 黄磷, 译. 北京：世界图书出版公司, 2011.

[2] [印度] 僧伽厉悦. 周末读完印度史 [M]. 李燕, 张曜, 译. 上海：上海交通大学出版社, 2009.

[3] 邹德侬, 戴路. 印度现代建筑 [M]. 郑州：河南科学技术出版社, 2002.

[4] W 博奥席耶. 勒·柯布西耶全集（第五卷）1946—1952[M]. 牛燕芳, 程超, 译. 北京：中国建筑工业出版社, 2005.

[5] W 博奥席耶. 勒·柯布西耶全集（第六卷）1952—1957[M]. 牛燕芳, 程超, 译. 北京：中国建筑工业出版社, 2005.

[6] 叶晓健. 查尔斯·柯里亚的建筑空间 [M]. 北京：中国建筑工业出版社, 2003.

学位论文和中文期刊

[1] 翟芳. 劳里·贝克乡村创作思想及作品研究 [D]. 西安：西安建筑科技大学, 2009.

[2] 刘青豪. 永恒的追求——路易斯·康的建筑哲学 [J]. 新建筑, 1995（02）:33-25.

[3] 周云. 静谧与光明——写在路易斯·康逝世 21 周年之际 [J]. 时代建筑, 1997（01）:47-50.

[4] 张慧若. 路易斯·康——对"元"的追问 [J]. 福建建筑, 2012（01）:25-27.

[5] 肯尼斯·弗兰姆普敦. 查尔斯·柯里亚作品评述 [J]. 饶小军, 译. 世界建筑导报, 1995（01）: 9.

[6] 彭雷. 大地之子——英裔印度建筑师劳里·贝克及其作品述评 [J]. 国外建筑与建筑师, 2004（01）:71-74.

[7] 周扬, 钱才云. 论印度管理学院设计中折射出的结构主义哲学思想 [J]. A+C, 2011（08）:93-95.

[8] 斯坦因. 克什米尔议会中心 [J]. 世界建筑, 1990（06）.

[9] 胡冰路. 美国驻印度大使馆 [J]. 世界建筑, 1989（06）.

[10] 洪源. 以斋浦尔艺术中心为例谈传统空间的当代传承 [J]. 山西建筑, 2010, 136（21）:15-16.

[11] 陈传绪 . 孟买的问题与规划 [J]. 国外城市规划，1988（01）:35-40.

[12] 王益谦 . 孟买城市区的空间发展格局 [J]. 南亚研究季刊，1992（04）:42-48.

[13] 王路 . 根系本土——印度建筑师 B.V. 多西及其作品评述 [J]. 世界建筑，1990（08）: 67-73.

[14] B V 多西 . 从观念到现实 [J]. 谷敬鹏，译 . 建筑学报，2000（11）:59-62.

[15] 周卡特 . 班加罗尔管理学院 [J]. 世界建筑，1990（06）:50-51.

外文专著

[1] Rahul Mehrotra. Architecture in India since 1990[M].UK:Hatje Cantz，2011.

[2] Bhatia Gautam. Laurie Baker Life，Working & Writings[M].New Delhi：Viking，1991.

[3] Laurie Baker.Houses——How to Reduce Building Costs[M].India:Centre of Science and Technology for Rural Development(COSTFORD)，1986.

[4] Klaus Peter Gast.Modern Traditions——Contemporary Architecture in India[M]. Germany:Brikhauser Verlag AG，2007.

外文期刊

Gautam Bhatia.Baker in Kerala[J].Architectural Review,1987（08）:72-73.

网络资源

[1] 维基百科 [EB/OL]. http://en.wikipedia.org/

[2] 维基媒体 [EB/OL]. http://commons.wikimedia.org/

[3] 百度搜索 [EB/OL]. http://www.baidu.com/

[4] 百度百科 [EB/OL]. http://baike.baidu.com/

[5] 谷歌搜索 [EB/OL]. http://www.google.com.hk/

附录 书中建筑师及其代表作品对照表

印度现代建筑初期			
代表作品	建筑师	地点	时间
戈尔孔德住宅	安东尼·雷蒙	本地治里	1936—1948 年
加尔各答新秘书处大楼	哈比伯·拉曼	加尔各答	1949—1954 年
ATIRA 大楼	阿克亚特·坎文德	艾哈迈达巴德	1950—1952 年
欧贝罗伊饭店	杜尔戈·巴吉帕伊 皮鲁·莫迪	新德里	1951—1958 年
阿育王饭店	多科特	新德里	1955 年

西方建筑大师实践期			
建筑师	劳里·贝克		
代表作品	名称	地点	时间
	印度咖啡屋	特里凡得琅	—
	喀拉拉发展研究中心	喀拉拉邦	1992 年
	罗耀拉教堂	特里凡得琅	1990 年
著作	《降低建筑造价手册》		
获奖	1990 年获建筑大师年度奖， 1990 年被授予"莲花士"， 1992 年获"联合国环境奖"和"联合国荣誉奖"， 1993 年获改善人类居住环境的"罗伯特·马修奖"， 2006 年，获得普利兹克建筑奖的提名		
建筑师	勒·柯布西耶		
代表作品	名称	地点	时间
	昌迪加尔城市规划	昌迪加尔	1951—1957 年
	昌迪加尔议会大厦	昌迪加尔	1955 年
	昌迪加尔高等法院	昌迪加尔	1952—1956 年
	昌迪加尔秘书处大楼	昌迪加尔	1952—1956 年
	艾哈迈达巴德文化中心	艾哈迈达巴德	1952 年
	棉纺织协会总部	艾哈迈达巴德	1954—1957 年
著作	《走向新建筑》《模度》《光明城市》		
建筑师	路易斯·康		
代表作品	名称	地点	时间
	印度管理学院	艾哈迈达巴德	1962—1974 年
著作	《建筑是富于空间想象的创造》《建筑·寂静和光线》《人与建筑的和谐》		
获奖	1971 年获美国建筑师协会金奖		

印度本土建筑师探索期			
建筑师	查尔斯·柯里亚		
代表作品	名称	地点	时间
	圣雄甘地纪念馆	艾哈迈达巴德	1958—1963 年
	干城章嘉公寓	孟买	1970—1983 年
	印度人寿保险公司大楼	新德里	1974—1986 年
	博帕尔国民议会大厦	博帕尔	1983—1997 年
	斋浦尔艺术中心	斋浦尔	1992 年
著作	《第三世界城市新景观》（1989 年）， 《柯里亚》（1997 年）， 《住宅设计与城市规划》（1999 年）， 《住宅设计与城市规划：为人与城市所提出的建筑方案》（2000 年）		

获奖	1972 印度总统颁发的帕德玛·希来里奖， 1984 获查尔斯王子颁发的英国皇家建筑师协会金奖， 1984 获国际建筑师协会罗伯特·马修爵士奖（改善人居环境奖）， 1986 获美国建筑师学会芝加哥建筑奖， 1987 获印度建筑师协会金奖， 1990 获国际建筑师协会金奖		
建筑师	B. V. 多西		
代表作品	名称	地点	时间
	艾哈迈达巴德建筑学院	博帕尔	1962 年
	桑珈建筑事务所	艾哈迈达巴德	1981 年
	印度管理学院班加罗尔分院	班加罗尔	1985 年
	侯赛因-多西画廊	艾哈迈达巴德	1995 年
获奖	1976 年获印度政府颁布的帕德玛·史梨奖， 1988 年获印度建筑师学会 M.B. 阿克沃纪念金奖和 G.B. 玛特雪金奖， 1988 年获美国伊利诺洲委员会建筑奖， 1989 年获巴黎国际建筑学院金奖， 1989 年获布尔盖利亚国际建筑学院年度学者奖， 1993 年获新德里 JK 年度建筑师奖， 1994 年 JK 大师奖， 1996 年阿卡·罕住宅建筑奖		
建筑师	拉杰·里瓦尔		
代表作品	名称	地点	时间
	新德里教育学院	新德里	1987 年
	CIDCO 低收入者住宅	孟买	1993 年
	印度国会图书馆	新德里	2003 年
获奖	印度建筑师学会金奖， 英联邦建筑师协会的罗伯特·马修奖		

印度现代建筑转变期

代表作品	建筑师	地点	时间
贾特拉帕蒂·希瓦吉国际机场 2 号航站楼	SOM 建筑设计事务所	孟买	2008 年
珀尔时尚学院	"形态发生"事务所	斋浦尔	2008 年
卡尔沙遗产中心	萨夫迪事务所	阿南德普尔萨希布	2010 年
英吉拉·甘地国际机场 3 号航站楼	HOK 建筑师事务所	新德里	2010 年
托特屋	思锐建筑师事务所	孟买	2009 年
卡斯特罗咖啡馆	罗米·科斯拉设计工作室	新德里	2008 年
公园酒店	SOM 建筑设计事务所	海得拉巴	2010 年
RAAS 酒店	莲花建筑设计事务所	焦特布尔	2011 年
"安蒂拉"	帕金斯威尔建筑事务所	孟买	2009 年
果园雅舍	拉胡·梅罗特拉事务所	艾哈迈达巴德	2004 年
巴尔米拉棕榈住宅	比贾·贾因	阿里巴格	2007 年
塔塔社会科学研究院宿舍	RMA 建筑事务所	图尔贾普尔	2000 年

图书在版编目（CIP）数据

印度现代建筑：从传统向现代的转型 / 汪永平，
张敏燕著 . -- 南京：东南大学出版社，2017.5
（喜马拉雅城市与建筑文化遗产丛书 / 汪永平主编）
ISBN 978-7-5641-6973-2

Ⅰ . ①印… Ⅱ . ①汪… ②张… Ⅲ . ①建筑艺术–印
度–现代 Ⅳ . ① TU-863.51

中国版本图书馆 CIP 数据核字（2017）第 008706 号

书　　　名：印度现代建筑——从传统向现代的转型
责任编辑：戴　丽　魏晓平
装帧方案：王少陵
责任印制：周荣虎
出版发行：东南大学出版社
社　　　址：南京市四牌楼 2 号
邮　　　编：210096
出 版 人：江建中
网　　　址：http://www.seupress.com
电子邮箱：press@seupress.com
印　　　刷：上海利丰雅高印刷有限公司
经　　　销：全国各地新华书店
开　　　本：1000mm×1400mm　　1/16
印　　　张：11.75
字　　　数：218 千字
版　　　次：2017 年 5 月第 1 版
印　　　次：2017 年 5 月第 1 次印刷
书　　　号：ISBN 978-7-5641-6973-2
定　　　价：69.00 元

若有印装质量问题，请与营销部联系。电话：025-83791830